Dr. Dorit Urd Feddersen-Petersen
Dr. Pasquale Piturru

Hundeführerschein und Sachkundeprüfung

Vorbereitung für Hundehalter

Konrad-Zuse-Straße 3
D - 54552 Nerdlen/Daun
www.kynosverlag.de

Dieses Buch fußt auf dem Vorgänger-Buch »Sachkunde für Hundehalter«, erschienen 2013 im Kynos Verlag

Bildnachweis:
Titelbild: Daniela Schmidt
S. 6 Catharina Spelzhaus; S. 7 Archiv Feddersen-Petersen; S. 120 Perdita Lübbe-Scheuermann; S. 122: Gisela Rau
Bilder von Adobe Stock: S. 12 @imacture; S. 13@Sabine Glässl; S. 15 @ Jesse Kunerth; S. 17 @otsphoto; S. 21 @bina01; S. 24 @K.-U. Häßler; S. 29 @K. Thalhofer; S. 37 @Eric Isselée; S. 44 @Rauer; S. 51 @Martina Berg; S. 57 @elen31

Alle Zeichnungen: Dorit Urd Feddersen-Petersen
Gedruckt in Lettland

5. Auflage 2024

ISBN: 978-3-95464-192-5

Inhaltsverzeichnis

Einleitung

In der Bundesrepublik Deutschland gibt es eine Vielzahl unterschiedlicher Arten von Hundeführerscheinen bzw. Sachkundenachweisen. All diese Zertifikate oder Fortbildungen basieren dabei auf einer Optimierung des Umgangs von Menschen mit Hunden, egal, ob sie nun von großen Verbänden oder kleineren Hundefortbildungsstätten angeboten werden. Die gesetzlichen Voraussetzungen sowie die Regelungen sind diesbezüglich von Bundesland zu Bundesland gleichfalls mosaikartig uneinheitlich. Von der freiwilligen Sachkunde, die Hundebesitzer in einigen Bundesländern erwerben können bis hin zur bestandenen Sachkundeprüfung, um überhaupt einen Hund halten und führen zu dürfen, gibt es viele Übergänge.

Der bundeseinheitliche Hundeführerschein respektive Sachkundenachweis blieb bis dato leider ein Traum.

Unabhängig davon, wie viele Hundeführerscheine respektive Sachkundenachweise es geben mag, gleichen sich all diese Regelungen dennoch recht einheitlich in dem Ziel, theoretische Kenntnisse zu vermitteln, die auf wissenschaftlichen Ergebnissen basieren.

So ist es auch unser Ziel, wissenschaftliche Erkenntnisse (nach dem derzeitigen Forschungsstand) für alle zugänglich zu machen und leicht verständlich zu vermitteln – gleichgültig, ob für diejenigen, die freiwillig sachkundig werden wollen oder für die, die es werden müssen.

Wir haben uns mit voller Absicht dazu entschieden, keine Multiple-Choice-Fragen im Buch zu liefern, um zu verhindern, dass die Leser rein auswendig lernen, um ihre geforderten Prüfungen zu bestehen. Vielmehr möchten wir unsere Leser wirklich in die Lage versetzen, das erreichte Wissen zu verstehen und flexibel im Leben mit dem Hund umzusetzen.

Möge uns dieser Wunsch gelingen!

Auf jeden Fall wünschen wir allen, die dieses Buch lesen werden - ob nun freiwillig oder mehr gezwungenermaßen - viele Erkenntnisse, viel Freude, Spaß und noch mehr Erfolg!

Die Autoren

Die Autoren

Dr. Pasquale Piturru

Geboren 1965 in Genua, Studium der Veterinärmedizin an der Tierärztlichen Hochschule Hannover. Fachtierarzt für Kleintiere, Fachtierarzt für Verhaltenskunde, Tierschutzkunde und Verhaltenstherapie, Master of Small Animal Science. Er betreibt eine Kleintierpraxis in Pinneberg (Schleswig-Holstein), arbeitet auch als selbstständiger wissenschaftlicher Berater und Gutachter und koordiniert internationale Tierschutzprojekte.

Er ist Initiator und Koordinator der Zertifizierung von Hundetrainern durch die Tierärztekammer Schleswig-Holstein.

Veröffentlichte Bücher:

Lassie, Rex & Co. klären auf, Kynos Verlag, Mürlenbach, 2004 (7. neue Auflage 2018).
Tuo affezionatissimo Fido, Editoriale Olimpia, Firenze, 2006.

Dr. Dorit Urd Feddersen-Petersen

Jahrgang 1948, Studium der Tiermedizin an der Tierärztlichen Hochschule Hannover. Fachtierärztin für Verhaltenskunde, Fachtierärztin für Tierschutz, Dozentin am Zoologischen Institut der Christian-Albrechts-Universität zu Kiel, Leiterin der dortigen ethologischen AG.

Schwerpunkte der wissenschaftlichen Arbeit:

Verhaltensentwicklung, sensible Phasen, soziale Kommunikation, agonistisches Verhalten, Sozialspiel, soziale Beziehungen vergleichend bei Wölfen, Kojoten, Goldschakalen, Dingos aus Australien wie Neu Guinea, verschiedenen Hunderassen, Mensch-Hund-Kommunikation, -Beziehung und -Bindung, kognitives Verhalten von Wölfen und Hunden u. v. a.

Verstorben am 22.09.2023

Neuere Bücher:

Ausdrucksverhalten beim Hund, Franckh-Kosmos, Stuttgart, 2008.
Hundepsychologie, Franckh-Kosmos, 4. völlig neu erarbeitete Auflage, 2013.
Hunde und ihre Menschen, Franckh-Kosmos, 2. Auflage, 2001.
Fortpflanzungsverhalten beim Hund, Gustav Fischer Jena, 1994 (vergr. Neuausgabe 2010, Franckh-Kosmos).

Insgesamt weit über 200 Publikationen und rege Vortragstätigkeit.

Felix Wankel Tierschutz Forschungspreis 1992.
Verleihung der Verdienstmedaille der TÄK SH im Februar 2018.

Nachruf

Für uns alle unerwartet und schockierend verstarb meine langjährige Freundin und Mentorin Dorit Urd Feddersen-Petersen am 22. September 2023 in Kiel.

Es ist keine Übertreibung, zu sagen, dass sie eine der führenden Ethologinnen weltweit war. Als Dozentin am Institut für Haustierkunde der Universität Kiel leitete sie u. a. die Arbeitsgruppe vergleichende Verhaltensforschung, die bedeutende Erkenntnisse über unsere tierischen Sozialpartner erarbeitete. In Deutschland galt sie daher als DIE Expertin zum Thema „Hund und Hundeverhalten".
Ihre Bücher sind Standardwerke zur Verhaltensforschung von Wölfen und deren verwandter Caniden, deren Sprache, Mimik und Körpersprache, Lautäußerungen, Gerüche und Berührungen sowie Kommunikation und Verständigung untereinander. In Bezug auf die Menschen erforschte sie dieses vier Jahrzehnte intensiv.
Unermüdlich hielt sie weltweit Seminare, schrieb Bücher und Gutachten, bekam etliche Preise, u.a. im Jahr 1992 den Felix Wankel- Tierschutz- Forschungspreis sowie im Jahr 2018 die Verdienstmedaille der Tierärztekammer Schleswig-Holstein, in der sie auch Mitglied der Prüfungskommission für die Hundetrainer-Zertifizierung war.
Dorit bereicherte zweifellos die Welt der Caniden. Auf die Frage, welche Spuren sie hinterlassen möchte, antwortete Dorit sinngemäß, dass sie hoffe in guter Erinnerung zu bleiben. Sie wünschte sich so sehr, dass ihr Wissen nicht verloren geht und falsch interpretiert wird. Ich fühle mich geehrt, dass sie mir ihren wissenschaftlichen Nachlass anvertraut hat und werde deshalb mein Bestes tun, sie in meinen zukünftigen Vorträgen sowie meiner Arbeit weiterleben lassen. Denn wir waren beide fest überzeugt davon, dass eine Person niemals stirbt, solange über sie gesprochen wird!
Dorit war aber nicht nur eine großartige Wissenschaftlerin, sie war auch herrlich unkonventionell! Sie war wirklich ein besonderer Mensch: Hochsensibel, hochintelligent, reflektiert, humorvoll, tiefgründig und hinterfragend. Sie war wortgewandt, liebte die deutsche Sprache und war vielseitig interessiert. Kunst, Kultur und die Literatur waren ihre Leidenschaft. Die Gespräche mit Dorit waren immer bereichernd, denn

ihr Wissensschatz war groß, die Denkanstöße interessant und inspirierend. Überdies konnten wir auch herzlich zusammen lachen. Sie hatte für jeden ein offenes Ohr und war ein gutmütiger Mensch, der schlecht „nein“ sagen konnte, was auch oft ausgenutzt wurde.
Für viele war Dorit eine Koryphäe, ja sogar eine Inspiration. Häufig wurde sie zitiert, oftmals auch falsch, da nicht jeder ihren Gedankengängen folgen konnte. Dorit hat die Wissenschaft geliebt und für diese gelebt!
Liebe Dorit, Du wirst für mich immer unvergessen und unersetzlich bleiben!
Ich danke Dir, dass Du mein Leben mit Deinem Wissen und insbesondere Deiner Freundschaft so sehr bereichert hast.

Dr. Pasquale Piturru

Grundwissen zu Aufzucht, Lernverhalten und Haltung von Hunden sowie Umgang mit Hunden

Bevor ein Hund ins Haus kommt

Das Zusammenleben mit einem Hund verlangt eine gewisse Lebenseinstellung. Es ist mit Sicherheit eine wunderbare und erfreuliche Sache, setzt aber auch gewisse Kenntnisse seitens des Menschen über Bedarf und Bedürfnisse des Tieres, Gesetze und Pflichten, Haltung und Führung des Hundes und vieles mehr voraus. Das bedeutet: Ein Mensch, der einen Hund halten möchte, sollte schon allein aus Tierschutzgründen über eine gewisse Sachkunde verfügen.

Die meisten Personen, die noch nie mit einem Hund zusammengelebt haben, stellen sich dies viel zu einfach vor. Gewiss sind die Vorteile eines Zusammenlebens mit dem Hund wesentlich größer als die Nachteile, aber man sollte die Anschaffung eines Hundes auch nicht durch eine rosarote Brille betrachten. Können Sie sich wirklich vorstellen, was es bedeutet beziehungsweise was Sie erwartet?

Je nach Größe und Gewicht der jeweiligen Rasse kann ein Hund etwa acht bis sechzehn Jahre alt werden.

Dann stellen Sie sich vor, in den nächsten Jahren täglich mindestens drei Mal spazieren gehen zu müssen. Egal bei welchem Wetter, egal an welchem Tag. Bei einem Welpen in den ersten Wochen sogar womöglich mitten in der Nacht ...

Stellen Sie sich vor, dass überall Hundehaare liegen und Sie deshalb fast täglich saubermachen werden ...

Stellen Sie sich vor, dass Sie einen Teil Ihrer Freizeit Ihrem neuen Mitbewohner und seiner Erziehung widmen müssen ...

Stellen Sie sich auch vor, dass das neue Familienmitglied hundegerechtes Futter und tierärztliche Betreuung benötigt ...

Dass Sie in Zukunft von einem vierbeinigen Mitbewohner richtig auf Trab gehalten werden …

Gleichzeitig stellen Sie sich aber auch vor, dass Sie Dinge erleben werden, von denen jemand ohne Hund nur träumen kann.

Denken Sie daran, dass jemand, der einmal mit einem Hund zusammengelebt hat, fortan selten auf ein Leben mit Hund verzichten kann.

Und schließlich: Stellen Sie sich vor, dass Ihr Leben sich so zum Positiven verändern kann, dass es nicht in Worten auszudrücken ist …

Das und vieles andere bedeutet es, mit einem Hund zusammenzuleben!

Es gibt verschiedene Umstände, unter denen man von einem Hund eventuell absehen sollte. Zum Beispiel dann, wenn das Tier aufgrund einer Berufstätigkeit mehr als sechs Stunden täglich allein sein müsste oder absehbar ist, dass sich Berufs- oder Lebenssituation ändern werden, sprich nicht sicher ist, ob die Hundehaltung dann noch möglich wäre. Ebenso wäre von der Anschaffung eines Hundes schon aus tierschutzrelevanten Gründen dann abzuraten, wenn eine ausgeprägte Hundehaarallergie vorhanden ist.

Das heißt: Die Anschaffung eines Hundes ist eine tolle Sache, die aber sehr gründlich überlegt werden sollte.

Wie findet man den richtigen Hund?

Vor der Anschaffung eines Hundes sollten verschiedene Fragen geklärt werden wie beispielsweise:

»Ist meine Art der Hundehaltung erlaubt?«, oder »Passt der ausgesuchte Hund von seiner Rasseveranlagung her tatsächlich auch längerfristig zu den Lebensumständen und zu dem Lebensstil?«, oder »Habe ich die Möglichkeit, den Hund 12 – 15 Jahre lang sicher zu behalten und zu versorgen?«, und so weiter geklärt werden.

Ob man mit einem Rassehund oder einem Mischling zusammenleben möchte, hängt von vielen subjektiven Gründen ab. Mit Sicherheit kann man nicht pauschalisieren und sagen, dass Mischlinge intelligenter und robuster als Rassehunde sind.

Wählen Sie einen Hund, der von der Rasseveranlagung her zu Ihren Lebensumständen passt.

Jungtiere erben ihre Eigenschaften immer von Vater und Mutter sowie deren Vorfahren. Ein Mischlingshund kann, wenn er Pech hat, gesundheitliche Probleme seitens des Vaters und der Mutter erben. Eine nicht-blaublütige Abstammung macht eine gewisse Robustheit eventuell etwas wahrscheinlicher, sie garantiert sie jedoch nicht.

Ganz sicher ist dagegen eines: Mischlinge sind einmalig! Und außerdem das reinste Überraschungspaket: Niemand weiß ganz genau, was aus dem Welpen einmal werden wird. Allein dadurch haben sie für manche Menschen einen ganz besonderen Reiz. Charme haben viele von ihnen außerdem, und nicht nur das: So mancher Mischling ist ein wahrer Prachtkerl und eine richtige Hundeschönheit!

Und die Rassehunde? Sind sie nicht auch etwas Besonderes? Natürlich ja! Jede Rasse hat etwas und jeder Mensch findet in einer bestimmten Rasse etwas Besonderes, selbstverständlich etwas, das in anderen Rassen fehlt. Es ist eben Geschmacksache. Je nach Rasse weisen die Hunde unterschiedliche Veranlagungen auf. Eins sollte man dabei nie vergessen:

Viele durch gezielte Zuchtselektion geförderte rassetypische Verhaltensweisen sind sehr stark selbstbelohnend.

Jeder Hund ist ein Unikat, mit seinen Vor- und Nachteilen. Man sollte den Hund kaufen, der am besten zur Person/Familie passt, egal ob Rasse- oder Mischlingstier. Es darf nie alles auf die Rasse reduziert werden.

Aber wie sind die Hunderassen entstanden? Wieso unterscheiden sie sich vom Wolf, mit dem sie einen gemeinsamen Urvater haben (s.S. 68)? Wie und wann fing alles an? Ganz einfach: Nach der Domestikation der Hunde begannen die Menschen, diese nach besonderen Merkmalen zu selektieren. Die Besten aus unterschiedlichen Bereichen – nach der Begabung zu Jagd, Arbeit, Feldkämpfen in Kriegen, Wachsamkeit oder einfach die Schönsten – wurden ausgewählt und untereinander gekreuzt. Leider wurde der Wert der Hunde dabei nur von den Menschen beurteilt. Es entstanden die ersten Hunderassen. Die Phase der Hundezucht, die sich vorwiegend auf das äußere Erscheinungsbild des Hundes konzentrierte, begann erst im 19. Jahrhundert. Hierbei schlichen sich die ersten gravierenden Fehler ein, denn bei der Schaffung der Hunderassen wurden viele Kriterien übersehen.

In der Tat ist es wissenschaftlich bewiesen, dass bei der Auswahl auf ein bestimmtes Merkmal auch viele andere mit verändert werden können. Demnach entstanden durch Züchtungen art- und rassetypische Verhaltenseigenschaften.

Häufig sind rassetypische Verhaltenseigenschaften »selbstbelohnend«. Das bedeutet: die Hunde brauchen kein spezielles Lob, um ein solches Verhalten zu zeigen. Das Verhaltensmuster in den Tieren motiviert diese so sehr, dass es die tollste Belohnung ersetzt.

Diese rassetypischen Eigenschaften sind durch späteres Lernen und Konditionieren nur schwer zu beeinflussen. Sie können deshalb ein Riesenvorteil sein, weil manche Hunde für bestimmte Aufgaben wie das Jagen oder Schafehüten unheimlich begabt sind, aber auch große Probleme bei der Erziehung bereiten.

Aufgrund der einstigen gezielten Hundepaarung für ehemals wichtige, spezielle Verwendungszwecke sind in den Tieren auch heute noch selbstbelohnende Verhaltensweisen erhalten. Deshalb ist es sehr wichtig, zu wissen, für welche Zwecke die Hunde eigentlich einst gezüchtet wurden. Solche wichtigen Informationen erhalten Sie detailliert bei Fachtierärzten für Verhaltenskunde, bei Tierärzten mit der Zusatzbezeichnung Verhaltenstherapie, bei zertifizierten Hundetrainern oder in guter Fachliteratur.

Kurznasen und Glubschaugen: Nicht süß, sondern gequält! Das brachycephale Syndrom

Viele Merkmale von Hunderassen bedienen ausschließlich Modetrends, die dem menschlichen Geschmack unterworfen sind. Die Gesundheit der Tiere rückt dabei vollkommen in den Hintergrund. Mit Rassen, die in Mode sind, lassen sich hohe Gewinne erzielen.

Seit Jahren besonders gefragt sind der Mops sowie die Englische und die Französische Bulldogge. Damit diese Hunde besonders niedlich aussehen, wurde jahrzehntelang die Schnauze immer kürzer gezüchtet. Die Nase ist bis auf einen kleinen Rest zurückgebildet und kann dadurch ihre

Nicht niedlich, sondern gequält: Mops mit extrem verkürzter Nase und Glubschaugen.

Funktion nicht mehr in vollem Umfang erfüllen: Die Hunde bekommen kaum noch Luft und können zum Teil nur mit hochgelegtem Kopf schlafen. Für viele Besitzer dieser Hunde ist es leider normal, dass ihre Tiere permanent röcheln und schnarchen. Doch extreme Ausprägungen optischer Merkmale können zu extremen Leiden führen! Ohne Nase kann kein Hund entspannt atmen, sondern leidet unter Lufnot!

Ein weiteres Problem: Das niedliche Kindchenschema ist nur durch einen verformten Schädel zu erreichen! Das bedeutet, dass die Augen in den viel zu flachen Augenhöhlen kaum Halt haben und leicht herausspringen können. Außerdem werden die vorstehenden Augen von den durch die verkürzte Nase entstehenden Falten schmerzhaft gereizt, die Hunde werden oft blind. Die olfaktorische Fähigkeit solcher Hunde könnte darunter negativ beeinflusst werden. Auch das Gehirn leidet, denn es wird im zu kurzen Schädel an die knöcherne Begrenzung gedrückt. Neuronale Ausfälle können die Folge sein.

Geben Sie solchen Hunden wieder eine Nase! Halten Sie Maß! Verzichten Sie darauf, einen besonders niedlichen und puppenhaft aussehenden Hund zu erwerben!

Suchen Sie stattdessen lieber Hunde aus, die eine ausgeprägte Nase haben und gut Luft bekommen. Denn nur, wenn verantwortungslose »Ultra-Kurznasen«-Züchter keine Käufer mehr finden, wird es wieder mehr gesunde Hunde geben!

Die Wahl des Züchters

Sie haben sich für eine bestimmte Rasse oder für einen bestimmten Hund entschieden. Ihr Traumhund entspricht und erfüllt alle Ihre Vorstellungen … aber, woher bekommen Sie nun den Welpen? Wie finden Sie einen guten Züchter? Und wie erkennen Sie einen »guten Züchter« und unterscheiden ihn von einem Vermehrer oder Hundehändler?

Nun, er betreibt die Hundezucht aus Liebhaberei und nicht als Erwerbsquelle. Die Mutterhündin ist bei den Welpen zu besichtigen und sollte einen ausgeglichenen Eindruck machen. Ebenso sollten die Welpen kontaktfreudig und nicht ängstlich oder aggressiv sein. Die Hunde weichen dem Züchter und den Besuchern nicht aus und leben normalerweise mit der Familie im Haus und Garten. Es ist nur ein Wurf vorhanden. Der gute Züchter hat Zeit und Geduld, seine Welpen schon frühzeitig mit den verschiedensten Umweltreizen bekannt zu machen. Er ist nicht pikiert, wenn Sie sich alles ansehen möchten … eher im Gegenteil! Er züchtet in der Regel nur eine einzige Rasse. Oft leben auch ehemalige Zuchthündinnen, die in Rente sind, mit im Haushalt, was Ihnen die Möglichkeit gibt, auch einen Senior Ihrer Hunderasse kennenzulernen. Alle Hunde des Züchters sind regelmäßig entwurmt und entsprechend ihres Alters geimpft. Die Hunde sollten in einer solchen Familienaufzucht Kontakt zu Kindern und auch Tieren außerhalb ihrer Art, wie zum Beispiel Katzen, haben. Es sollten viele alltägliche Eindrücke für den Welpen zugänglich sein, das Laufen auf verschiedenen Untergründen, Konfrontation mit Geräuschen wie Staubsauger, Küchenmaschinen, Radio und so weiter. Vergessen Sie nie, dass man die Lernfähigkeit des Hundes durch gute Aufzuchtbedingungen fördern kann.

Ein guter Züchter wird im Gegenzug auch Sie sehr genau und kritisch in Augenschein nehmen. Lassen Sie sich davon nicht irritieren, denn schließlich muss er wissen, wem er seinen Welpen anvertraut. Andererseits zeigt er sich durch Ihre kritischen Fragen auch nicht beleidigt, ganz im Gegenteil. Er ist froh, keinen Unbedarften vor sich zu sehen, sondern einen informierten, engagierten Menschen, an den

Ein guter Züchter nimmt sich viel Zeit, um die Entwicklung der Welpen zu begleiten und lässt diese adäquat mit vielfältigen Reizen in Kontakt kommen.

Wählen Sie den Züchter Ihres Welpen sorgfältig aus.

er getrost eines seiner geliebten Tierchen abgeben kann. Manche Züchter schlagen auch spätere Welpentreffen vor.

Es gibt auf diesem Sektor leider sehr viel unseriöse Geschäftemacherei.

Laut Gesetz kann bei uns in Deutschland jeder mit Welpen, fast wie mit einem x-beliebigen Produkt, Handel treiben. Die Voraussetzungen dafür sind lediglich ein Gewerbeschein, ein Sachkundenachweis nach §11 des Tierschutzgesetzes und akzeptable Räumlichkeiten. Mit diesen juristischen Fakten müssen wir zurzeit noch leben.

Besagte Herrschaften betreiben das Geschäft häufig richtig professionell und im großen Stil. Sie verfügen oftmals über eine gut geführte Anlage, die zum Vorzeigen dient und eine seriöse Zucht vortäuschen soll. Ein sauberer Zwinger mit sogar mehreren gut gepflegten Hündinnen im Garten oder sogar die Hündinnen mit im Haus. Bloß, dass diese nicht notwendigerweise die Mütter der Welpen sein müssen und häufig niemand weiß, woher diese stammen. Sie werden irgendwo, vielleicht im Ausland oder beim Hundegroßhändler, billig eingekauft. Sie sind unter dubiosen Umständen erzeugt worden und haben vielleicht einen langen

Transport hinter sich. Dass sie meistens verwurmt sind, ungenügend oder gar nicht geimpft oder sogar krank, überrascht vor diesem Hintergrund nicht. Oftmals wirken die Welpen am Tag des Kaufes noch putzmunter und werden innerhalb der ersten Woche bei dem neuen Besitzer offensichtlich krank. Dies erklärt sich dadurch, dass das Immunsystem mit der zusätzlichen Belastung durch den erneuten Umgebungswechsel häufig nicht klarkommt und dieses der Tropfen ist, der das Fass zum Überlaufen bringt.

Für einen Laien ist es oft sehr schwierig, einer solchen Täuschung nicht zu erliegen, zumal ein Hundehändler viel Mühe darauf verwendet, den Schein zu wahren. Schauen Sie sich bitte die Hündin, die Sie als Mutter präsentiert bekommen, genau an. Ist da überhaupt so etwas wie ein Gesäuge? Benimmt sie sich den Kleinen gegenüber wie eine Mutter? Oder ist sie am Ende eine dieser Vorzeigehündinnen, die auf wundersame Weise alle paar Wochen einen neuen Wurf Welpen »ihr eigen« nennen? Wenn das Muttertier gar »momentan verhindert« ist (»Der Schwager geht gerade mit ihr spazieren. Sie werden vor vier Stunden nicht wieder da sein. Aber wenn Sie warten möchten …«), dann lassen Sie es lieber und orientieren Sie sich woanders. Nehmen Sie sich Zeit, um die Zuchtumgebung auf sich wirken zu lassen und einen Welpen auszuwählen, schließlich wird die Entscheidung, die Sie hier zu treffen haben, Ihr Familienleben eventuell für die nächsten fünfzehn Jahre beeinflussen. Jeder seriöse Züchter wird Ihnen hier beipflichten und nicht versuchen, Sie möglichst schnell zu einem Kauf zu drängen.

Vielleicht erscheinen Ihnen diese Warnungen übertrieben. Wir und viele andere Fachkollegen haben jedoch die Erfahrung gemacht, dass Hundehändler und -vermehrer vor nichts zurückschrecken. Und dass die intelligentesten Menschen eine verblüffende Naivität an den Tag legen und auf die plumpesten Tricks hereinfallen, wenn sie einen Wurf Welpen vor sich haben. Dieser Umstand ist natürlich gerade das, worauf dieses ganze miese Gewerbe setzt, um die Verkaufszahlen zu steigern.

Nehmen Sie sich die Zeit, zu überprüfen, ob die vorgestellte Hündin auch wirklich die Mutter der Welpen ist.

Papier ist geduldig. Sogar Ahnentafeln und Impfpässe sind es mitunter. Es gibt Impfpässe mit Stempeln darin, die lediglich bedeuten, dass der Welpe eine kleine, billige Teilimpfung erhalten hat und in Wahrheit sämtlichen Hundekrankheiten gegenüber so gut wie schutzlos dasteht. Kaum ein Laie hat eine Chance zu erkennen, was der Stempel in solch einem Impfpass bedeutet oder auch gerade nicht bedeutet.

Mit den Ahnentafeln ist es auch so eine Sache. Es gibt wunderhübsche, sehr offiziell aussehende Papiere von angeblichen Züchtervereinen, die in Wirklichkeit nur Briefkastenfirmen sind. Um Missverständnissen vorzubeugen: Es gibt traumhafte Hunde, die nie Papiere besaßen. Aber es gibt auch viele geschundene, kranke, schlecht gezogene Tiere, deren »Ahnentafeln« solider aussehen als die eines englischen Landadeligen und dennoch nicht das Papier wert sind, auf das sie gedruckt wurden.

Dann gibt es noch die verschiedenen erb- und auch aufzuchtbedingten Krankheiten wie verschiedene Missbildungen, Gebissfehler, Nabelbrüche, Gelenkprobleme etc., die Ihnen als zukünftigem Besitzer zumindest bekannt sein sollten. Schließlich ist es Ihr gutes Recht, selbst zu entscheiden, ob Sie ein solches Tier mit all den Problemen, Sorgen und Kosten, die damit unter Umständen auf Sie zukommen können, auch wirklich haben wollen. Sie können diese Defekte als Laie nicht gut feststellen. Und nicht jeder Züchter wird sie Ihnen auf die Nase binden.

Bevor Sie einen Hund kaufen, lassen Sie sich von einem durch die Tierärztekammer zertifizierten Hundetrainer oder von Ihrem Tierarzt beraten.

Auf diese Weise werden Sie Ihren Züchter finden, einen Menschen, der Ihren Welpen mit Sorgfalt, Kompetenz und Liebe aufgezogen, medizinisch versorgt, sozialisiert, geliebt, verwöhnt und betüddelt hat ... Der ihn nicht als einen Handelsartikel, gewissermaßen als Ware, sondern als das angesehen hat, was er ist: Ein wunderbares, schutz- und liebebedürftiges kleines Lebewesen.

Läufigkeit, Paarung und Trächtigkeit der Hündin

Wichtig zu wissen ist, dass Hündinnen meistens zweimal im Jahr, seltener einmal oder auch dreimal läufig werden. Nur dann sind sie bereit, sich zu vermehren. Sollten Sie mit einer läufigen Hündin spazieren gehen, müssen Sie daran denken, dass manche Hündinnen während der

Läufigkeit anderen Hündinnen gegenüber aggressiver als sonst reagieren. Die Hündin setzt während der Läufigkeit häufig Harnmarkierungen ab. Man muss deshalb nicht zum Tierarzt gehen. Man sollte die Hündin während der gesamten Läufigkeit an der Leine führen.

Als Hundebesitzer kann man eine Läufigkeit daran erkennen, dass die Vulva bzw. Scheide der Hündin vergrößert ist und sie zeitweise aus der Scheide Blut oder Schleim absondert, was die Hündin besonders attraktiv für Rüden macht. Sollten Sie zwei Hunde beim unerwünschten Deckakt in der Phase des »Hängens« ertappen, dürfen Sie die Tiere auf keinen Fall trennen, da sie sich schwer an den Geschlechtsorganen verletzen können. Sie müssen die gesamte Dauer des Deckaktes, also auch die Zeit des »Hängens« abwarten, denn momentan können Sie nichts mehr tun.

Als »Hängen« bezeichnet man die Zeitdauer (bis zu 30 min.), in der Rüde und Hündin nach dem Deckakt miteinander verbunden bleiben. Dieses Phänomen wird durch Schwellkörper im Penis des Rüden verursacht, die sich erst langsam wieder zurückbilden.

Danach sollten Sie möglichst sofort mit dem Tierarzt über bestehende Möglichkeiten sprechen. Wenn Sie einen Rüden und eine Hündin zusammenhalten und nicht züchten möchten, muss der Rüde während der Zeit der Läufigkeit räumlich von der Hündin getrennt werden. Sie können aber auch die Läufigkeit medikamentös verhindern oder Sie lassen eines oder am besten beide Tiere kastrieren. Denn auch, wenn die Läufigkeit der Hündin ohne einen Deckakt verläuft, kann es passieren, dass sie etwa 4 bis 9 Wochen danach eine Scheinträchtigkeit entwickelt. Hier verhält sich die Hündin genau so, als ob sie tatsächlich trächtig wäre und später sogar Welpen hätte. Die typischen Symptome einer Scheinträchtigkeit sind: das Anschwellen des Gesäuges sowie Milchausfluss, die Lustlosigkeit und gelegentlich eine starke Ten-

Die durchschnittliche Trächtigkeitsdauer bei der Hündin dauert 63 Tage, der physiologische Schwankungsbereich 59–68 Tage.

denz zu gereiztem oder aggressivem Verhalten, das Herumtragen und Behüten von Spielzeug. Die Trächtigkeit dauert etwa 63 Tage.

Die Entwicklungsphasen der Welpen

Aber was passiert genau bei den Welpen, in der Zeit, in der sie sich bei dem Züchter befinden?

Sobald die Welpen beim Züchter auf die Welt kommen, beginnen sie sich rasant zu entwickeln. Nach der Geburt wird die Zeit des Heranwachsens der Welpen in »Phasen« unterteilt.

Vom Geburtstag bis zum 14. Lebenstag befinden sich die Hunde in der sogenannten *Neugeborenen- oder »neonatalen Phase«*. In dieser Phase sind die Welpen kleine schlafende Fressmaschinen, denn Leben besteht in dieser Zeit ausschließlich aus Ruhe und Fütterung. Sie sind vollkommen auf ihre Mutter angewiesen, die sie wärmt, füttert und ihnen ermöglicht, Kot und Urin auszuscheiden. In den ersten sieben bis zehn Tagen können die Welpen weder normal hören noch sehen. Auch ihr Geruchssinn ist noch wenig entwickelt und taugt nur für kurze Distanzen. Sie können aber bei Hunger und Kälte schon leise »winseln« oder laut »fiepen«, damit das Muttertier zu ihnen kommt. Ebenso können sie im Kreis kriechen und mit dem Kopf wackeln. Suchpendeln wird das genannt. Das ist wichtig, um die Zitzen an der Mutter finden zu können.

Zwischen dem 15. und 21. Lebenstag befinden sich die Welpen in der *Übergangs- oder »transitionalen Phase«*. In diesem Abschnitt machen sie schon riesige Fortschritte, um unabhängiger zu werden. Die Tiere können mit ihrer Stimme gezielter und besser umgehen. Sie sind nicht mehr von der Hilfe der Mutter abhängig, um ihre kleinen und großen Geschäfte zu erledigen. Bereits jetzt prägen sie sich gut ein, auf welchem Untergrund solche Geschäfte erledigt werden! Sie beginnen, rückwärts zu kriechen und mit der Rute zu wedeln. Am Ende dieser Phase können sie schon ganz gut laufen. Und sie fangen an, das Nest zu verlassen. Die Welpen beginnen auch bereits, auf Menschen und andere Tierarten in näherer Umgebung zu reagieren.

Die Zeit zwischen der dritten und achtzehnten Lebenswoche ist die entscheidende Lebensphase für die Hunde, was das Lernen und die Vorbereitung auf Später angeht. Diese Phase wird auch *»sensible Phase«* genannt. Die Dauer dieser Phase kann je nach Rasse und Hund etwas variieren. Die hier genannten Zeiten sind nur Faustzahlen, die für die meisten Hunde zutreffen.

Achtung: Einen generellen Welpenschutz gibt es nicht! Welpenschutz ist ein häufig benutzter Begriff, der besagt, dass Welpen angeblich bei älteren Hunden eine weitreichende »Narrenfreiheit« haben, von ihnen nicht angegangen und nicht verletzt werden. Für die meisten Menschen stellt sich diese Zurückhaltung häufig als Form besonderer Toleranz dar. Eine erhöhte Toleranz genießen Welpen aber nur in ihrem eigenen Rudel oder bei besonders toleranten und an Welpen gewöhnten Hunden; eine generelle »Beißhemmung« zum Schutz von Welpen kann nicht von jedem Hund erwartet werden. Nichtsdestotrotz äußert ein Welpe durchaus bei Bedarf sofortige Beschwichtigungssignale, die zu einer Auflockerung der Konfliktsituation führen, was wiederum von vielen Menschen als »Welpenschutz« interpretiert wird!

Hunde werden bis zum Abschluss des 3. bis 4. Lebensmonats als »Welpen« bezeichnet.

Die Wochen 3 bis 18 beinhalten eine prägungsähnliche Phase, in der die Welpen eine schnelle Entwicklung sozialer Verhaltensmuster durchlaufen und lernen, diese »richtig« zu kombinieren. In dieser sensiblen Phase vollziehen sich *»Sozialisation«* und *»Habituation«*: Sozialisation ist das Kennenlernen des Umgangs mit Artgenossen und anderen Lebewesen sowie der Umwelt mit dem Sozialpartner. Habituation meint die

Gewöhnung an die unbelebte Umwelt, also an Geräusche oder an den Anblick von Dingen. In dieser Zeit »prägen« sich die Hunde auf verschiedene Artgenossen, auf Menschen, auf verschiedene Tierarten und auf verschiedene unbelebte Objekte und Situationen. Der Hund sollte während der sensiblen Phase möglichst viele verschiedene Kontaktmöglichkeiten haben.

In dieser Zeit lernen die Hunde das Wichtigste, um mit den Menschen und in deren Welt überhaupt gut leben zu können. Die Welpen lernen, sich darauf einzustellen und sich anzupassen. Das Muttertier entfernt sich nun schon öfter schrittweise von den Welpen, und die Kleinen beginnen, sich in Gruppen zu bewegen. Ab und zu werden schon die ersten sexuellen Verhaltensweisen und Gruppenangriffe auf einzelne Tiere geübt. Das geschieht zumeist im Spiel, da können die Welpen ohne negative Folgen ganz entspannt lernen. Sie können beim Schlafen nun ihre Blase kontrollieren und anhalten; sie müssen dafür aber umso häufiger, während sie wach sind. Ab der 9. Lebenswoche suchen sie zum »Pipi-Machen« regelmäßig bestimmte Stellen auf. In dieser Zeit und ganz genau ab der achten Lebenswoche darf ein Welpe abgeholt und in sein neues Zuhause gebracht werden.

In der sensiblen Phase von der (je nach Rasse und Hund unterschiedlich) ca. 3.-18. Lebenswoche finden Sozialisation und Habituation, d.h. die Gewöhnung der Welpen an belebte und unbelebte Umwelt statt. Erst ab der achten Woche darf ein Welpe vom Gesetz aus in sein neues Zuhause einziehen.

Die Beißhemmung ist nicht angeboren, sie muss den Welpen in dieser Phase beigebracht werden. Eine Möglichkeit dafür ist, das Spiel unverzüglich zu unterbrechen, sobald der Hund dabei zubeißt. Genauso müssen die Welpen die Körperpflege lernen und auch, dass ihr Körper von Menschen angefasst werden darf.

Die Sauberkeitserziehung muss in dieser Phase durchgeführt werden. Gehen Sie mit dem Welpen, sobald er aufwacht oder nach jedem Spiel nach draußen.

Die Beißhemmung muss der Welpe erst erlernen.

Jedes Wesen hat in der besonders intensiven und zeitlich begrenzten Phase des »prägungsähnlichen Lernens« in seinem Gehirn »Lernfenster«: Die Hunde lernen in diesen Zeiten ohne Motivation, das heißt, ohne belohnt werden zu müssen – das Lernen ist Selbstzweck, macht Spaß und kostet keine Anstrengung. Hunde, die als Welpen in positiver Weise ausreichend viele Reizsituationen erleben konnten, sind später selbstsicherer. Ausreichende Erfahrungen im Welpenalter sind für eine

> *Welpen haben innerhalb ihrer Entwicklung „Lernfenster» für bestimmte Verhaltensweisen, in denen sie diese ohne besondere Anstrengung lernen.*

optimale Entwicklung des Gehirns ausschlaggebend, denn je mehr Reize der Welpe kennenlernt, desto mehr Verknüpfungen der Nervenbahnen werden in seinem Gehirn angelegt.

Trotzdem muss man auch darauf achten, dass eine »Überstimulation« durch zu viele oder negative Reize möglich ist. Weiterhin kann ein einmaliges negatives Erlebnis den Hund nachhaltig beeinflussen, vor allem wenn dieses sehr beeindruckend gewesen ist oder das Tier sich in dieser sensiblen Phase befunden hat. Je mehr Lebensfacetten den Tieren in der prägungsähnlichen Phase zukommen, desto unproblematischer finden sie sich später in der Welt der Menschen zurecht. In dieser Phase legen die Hunde ein Muster an, nach dem sie ihr gesamtes späteres Leben gestalten. Das bedeutet, dass die Hunde in dieser Zeit Erfahrungen sammeln, die ihnen im späteren Leben als Vergleichsmaßstab dienen. Eine in dieser Zeit erlebte mangelhafte Sozialisierung hemmt die Entwicklung und die Reifung des Gehirns.

Bei wildlebenden Hunden werden die Welpen mit vier bis fünf Wochen dem Rudel vorgestellt. So wechseln ständig neue Sozialkontakte mit Phasen der Absonderung, in denen einzelne Welpen auch der Frustration des Alleinseins ausgesetzt sind, bevor sie in das Rudel eingegliedert werden. Außerdem wechselt die Mutter zwischen der dritten und fünften Woche mit dem Wurf fünf- bis zehnmal »ihr Nest«. So finden sich die Welpen ständig in einer neuen Umgebung wieder, die sie erforschen und in der sie neue Eindrücke sammeln können. So prägen sich Welpen das Sozialverhalten, die innerartliche Verständigung, ein. Und sie machen notwendige Erfahrungen für ihre weitere Lebensentwicklung. Durch die ausschließliche Aufzucht im Garten kann der Hund beispielsweise nicht genügend Erfahrungen mit Menschen und dem Leben in häuslicher Umgebung machen. Es kommt aber nicht nur darauf an, wo der Hund aufwächst, sondern wie viel ihm geboten wird. Bei einer Aufzucht im Garten muss sichergestellt sein, dass er dennoch ausreichend viele positive Kontakte mit Menschen, Umweltreizen und anderen Hunden hat.

Die ersten Lebenswochen mit Sozialisation und Habituation sind also für das ganze Leben der Hunde extrem wichtig. Da die Welpen meistens erst ab der neunten Lebenswoche zur künftigen Menschenfamilie abgeholt werden, können sie zu dieser Zeit bereits Defizite haben, die ihre weitere Entwicklung stark beeinflussen. Verantwortungsvol-

Durch zu wenige Kontakte mit Menschen, verschiedenen Artgenossen, Tierarten und der Umwelt in dieser Phase können nervöse, unsichere Hunde entstehen. Diese zeigen unangemessene Reaktionen, wenn eine Situation unbekannt ist. Eine so gut wie gar nicht stattgefundene Sozialisation und Habituation, beispielsweise durch isolierte oder extrem reizarme Aufzucht, nennt man »Deprivation«.
Deprivationsschäden sind kaum oder gar nicht wieder gut zu machen, je nach dem Grad der Schädigung!

le Züchter kümmern sich deshalb bereits ab der Wurfkiste aufmerksam und liebevoll um die Sozialisation der Welpen. Von solchen Züchtern wird oft unter anderem erbeten, dass die Welpen von den künftigen Besitzern regelmäßig schon ab der vierten, spätestens ab der fünften Lebenswoche besucht werden. So kann das intensive Lernen rechtzeitig stattfinden, und die plötzliche Trennung von der Mutter, den Geschwistern und von der bis dahin vertrauten Welt ist weniger traumatisch für die Welpen. Wenden Sie sich bitte nur an solche Züchter! Diese wissen auch, dass für Welpen im Alter von sechs bis sieben Wochen die Umwelterfahrung in der Sicherheit der Hundefamilie besonders wichtig ist. Ein Umsetzen in dieser Zeit darf nicht sein; es verursacht meist spätere Verhaltensstörungen. Die Welpen sollten im Allgemeinen mindestens acht bis zehn Wochen bei der Mutterhündin bleiben.

Die Übergabe des Welpen und die erste Zeit im neuen Heim

Trotzdem erlebt der Welpe bei der Übergabe an die neue Familie zunächst einen Schock! Die Mutter und die Geschwister fehlen, die gewohnte Umgebung wird vermisst und die bisher gemachten Erfahrungen gelten eventuell nicht mehr.

Die in diesen Phasen begonnene Gewöhnung an die belebte und unbelebte Umwelt muss in den folgenden Monaten nach dem Familienwechsel intensiv weiter geübt werden. Ein Hund lernt zwar lebenslang; doch was erst später erlernt wird, verlangt große Anstrengung. Ohne gelungene Sozialisations- und Habituationsphase in den ersten Lebenswochen ist das Lernvermögen eines Hundes für das ganze Leben stark vermindert. Alle angeborenen Eigenschaften müssen dennoch weiter geübt werden, um zur Vervollkommnung zu reifen. Bei den Hunden muss alles Lebenswichtige während der Sozialisation und Habituation erfahren und dann weiterhin trainiert werden.

Viele Probleme, die beim Zusammenleben mit Hunden entstehen, können durch eine adäquat durchgeführte sensible Phase vermieden werden.

Eines der größten »Probleme« für die meisten »neuen Hundebesitzer« wird durch die Treppe dargestellt. Oft will der neu gekaufte Welpe keine Treppen steigen. Aber was sollten Sie hier als guter Hundebesitzer tun? Vorerst sollten Sie den Welpen tragen und das auch je nach Tier zur Optimierung des körperlichen Wachstums. Wenn der Hund sich eingelebt hat, können Sie anfangen, das Treppensteigen zu üben. Hier müssen Sie versuchen, ihn beispielsweise mit Futterstückchen oder Spielzeugen zu motivieren, einige wenige Stufen zu steigen.

Viele Hundebesitzer beschweren sich, dass der Hund ständig mit deren neuen Schuhen spielen möchte. Sollten Sie dazugehören, bieten Sie dem Tier als Alternative ein Hundespielzeug an und räumen Sie Ihre Schuhe weg, bevor Sie unter Anleitung eines guten, zertifizierten Hundetrainers mit der allgemeinen Hundeerziehung beginnen.

Ein weiteres »Problem«, das sich vielen Hundebesitzern früher oder später stellt, ist die Fahrradtour. Für Fahrräder gibt es spezielle Befestigungssysteme zum kurzen Führen des Hundes. Dies empfiehlt sich zu nutzen. Noch wichtiger ist, dass der Hund dazu entsprechend trainiert sein sollte und die nötige Kondition hat. Achten Sie hier bitte auch darauf, dass Ihr Hund alt genug für diese körperliche Belastung ist, was je nach Rasse und Typ individuell ist.

Das »Alleine zu Hause bleiben« muss von jedem Hund gelernt werden. Man sollte das Tier schrittweise an die Situation gewöhnen und im Idealfall mit dem Training für das Alleinbleiben schon in Welpentagen beginnen.

Wenn es sein muss, können Hunde auch mit anderen Tieren zusammenleben. Sollten Sie beispielsweise bereits eine Katze haben und möchten sich einen Hund dazu kaufen, wird das funktionieren? Eine pauschalisierte passende Antwort auf diese Frage zu geben ist unmöglich. Viele individuelle Faktoren spielen hier eine wichtige Rolle. Man kann aber allgemein sagen: Wenn Sie einen gut sozialisierten Hundewelpen kaufen, der auch schon Katzen kennengelernt hat, haben Sie gute Chancen auf ein harmonisches Zusammenleben.

Der Hund wird erwachsen

Ab dem vierten Lebensmonat bis zum Eintritt der Geschlechtsreife befinden sich die Hunde in der *»juvenilen Phase«*. In dieser Zeit werden die Milchzähne ersetzt und bei männlichen Hunden setzt das Markierverhalten ein. Mit 16 bis 18 Wochen haben die Hunde häufig schon bis zu zwei Drittel ihres Endgewichts erreicht. Das Gruppenverhalten zeigt sich deutlicher. Spielerisch wird erstes Sexualverhalten gezeigt. Bei Rüden ist ein genauer Zeitpunkt der Geschlechtsreife nicht deutlich definiert. Bei Hündinnen setzt die Geschlechtsreife leicht erkennbar mit der ersten Läufigkeit ein.

Diese Zeit des Erwachsenwerdens wird von manchen Hundetrainern auch als *»Flegelphase«* oder *»Pubertätsphase«* bezeichnet. Ganz ähnlich wie pubertierende menschliche Jugendliche versuchen jetzt auch viele Hunde, ihre Grenzen neu auszutesten. Eine liebevolle, aber konsequente Führung, die Orientierung bietet, ist deshalb in dieser Zeit besonders wichtig.

Von der Geschlechtsreife bis zum zweiten oder dritten Lebensjahr befinden sich die Hunde in der *Reifungsphase*. Die soziale Reife erreichen die Hunde je nach Rasse und Individuum mit eineinhalb bis dreieinhalb Jahren. Bis dahin durchleben die Tiere nicht nur die körperliche Reifung, sondern auch die Einordnung in ihre soziale Position.

Im Alter von etwa acht Monaten bis zu einem Jahr kann es noch einmal eine Phase erhöhter Schreckhaftigkeit geben. Das Leben eines Erwachsenen ist vor allem gekennzeichnet durch die Fähigkeit, sexuell aktiv zu sein sowie durch die Geburt und Aufzucht eigener Welpen. Grundsätzlich finden Verhaltensänderungen und -anpassungen während des ganzen Lebens statt.

Haltungsfragen

Es gibt mit Sicherheit viele Dinge, auf die man während der Aufzucht eines Hundes achten muss. Beispielsweise bewirkt eine häufige und lange Zwingerhaltung bei einem Welpen Defizite im Sozialverhalten gegenüber Menschen und Artgenossen. Sollte das erwachsene Tier ganzjährig in einem Hundezwinger untergebracht werden, müssen Sie

Die Länge der Spaziergänge muss an Alter, Rasse, Größe, Kondition und Gesundheitszustand des Hundes angepasst werden.

unbedingt darauf achten, dass der Hund jeden Tag mindestens zwei Stunden Auslauf hat und eine der Größe des Hundes entsprechende, gut isolierte Hundehütte im Zwinger vorhanden ist. Außerdem braucht das Tier täglich Sozialkontakt zu seinen Bezugspersonen und/oder zu anderen Hunden. Der regelmäßige Kontakt zum Sozialpartner ist für den Hund sehr wichtig. Weiterhin muss er täglich ausreichend geistig und körperlich gefordert werden. Die Spaziergänge müssen lang und häufig sein. Das ist abhängig von Alter, Rasse, Größe, Kondition und Gesundheitszustand des Tieres.

Frisches Trinkwasser muss für den Hund jederzeit frei zugänglich sein.

Wasser muss in ausreichender Menge jederzeit zur Verfügung stehen und auch frei zugänglich sein. Der Zugang zum Wasser ist ein wichtiger Faktor für das Wohlbefinden des Hundes. Im Hochsommer beispielsweise sollte die Ausführzeit für Hunde geringgehalten werden, wenn unterwegs keine Möglichkeit der Wasseraufnahme besteht und die Tiere sollten auch nicht in parkenden Autos zurückgelassen werden. Überhaupt dürfen Hunde sowieso nur für kurze Zeit im Auto zurückgelassen werden und das auch nur, wenn es nicht zu warm oder zu kalt ist. Wichtig ist, dass ein Hund im gesicherten Heckraum eines Kombiwagens oder in einer Hundetransportbox im Auto transportiert wird.

Es ist sehr wichtig mit einem Hund zu üben, dass er sich überall anfassen lässt. Körperkontakte stärken die Bindung, erleichtern die Pflegemaßnahmen und fördern das gegenseitige Vertrauen. Das kann auch nützlich sein, falls ein Besuch beim Tierarzt notwendig wird.

Vergessen Sie bitte in diesem Fall nicht, dass Sie jegliche Leistung beim Tierarzt aus eigener Tasche zahlen, es sei denn, Sie haben im Vorfeld eine Tierkrankenversicherung, eine OP-Versicherung oder Ähnliches abgeschlossen.

Beim Tierarzt

Der Besuch beim Tierarzt ist für viele Hunde mit einem Übermaß an Stress verbunden. Fragen Sie deshalb Ihren Tierarzt, ob Ihr Hund schon als Welpe die Praxis spielend kennenlernen darf. Ein guter Tierarzt wird dem mit Sicherheit zustimmen. Üben Sie schon zuhause Manipulationen wie Zahn- oder Ohrkontrolle. Sollte sich das Tier schon als Welpe auf dem Behandlungstisch des Tierarztes mit aller Kraft gegen die Untersuchung wehren, versuchen Sie den Hund ungerührt festzuhalten und loben Sie ihn, wenn er sich wieder ruhig verhält. Der regelmäßige Besuch eines Tierarztes gehört zu einer bewussten und guten Hundehaltung. Der Hund sollte beispielsweise regelmäßig geimpft werden.

Gehen Sie bitte nicht nur bei klassischen Anzeichen einer Erkrankung zum Tierarzt, sondern auch, wenn sich das Verhalten Ihres Hundes ändert, damit dieser die Ursache herausfinden kann.

Bei einem Fachtierarzt für Kleintiere bekommen Sie wissenschaftlich fundierte Antworten auf alle Ihre Fragen.

Häufig wird von den neuen Hundebesitzern gefragt, ob das Einsetzen eines Mikrochips sinnvoll ist. Den Hund dadurch kennzeichnen zu lassen, ist nicht nur sinnvoll, weil es in bestimmten Bundesländern wie beispielsweise in Hamburg Vorschrift ist, sondern weil es die Möglichkeit der genauen Identifizierung eines Tieres darstellt. Außerdem ist das Implantieren eines Mikrochips weniger schmerzhaft als das Tätowieren, besonders bei den Welpen.

Die Impfung und deren Notwendigkeit sowie Frequenz ist und bleibt eines der beliebten Themen unter Hundebesitzern. Die Krankheiten, gegen die Hunde überwiegend geimpft werden, sind: Tollwut, Parvovirose, Staupe, Leptospirose, Parainfluenza und Hepatitis. Nimmt man beispielsweise die Tollwut, ist auch leicht zu verstehen, warum regelmäßiges Impfen so wichtig ist. Tollwut ist eine Infektionskrankheit, mit der sich auch Menschen infizieren können. Wenn Speichel eines tollwuterkrankten Tieres in die Blutbahn kommt, zum Beispiel durch einen Biss, wird diese Krankheit übertragen. Die Tollwutimpfung ist bei Auslandsreisen Vorschrift. Die Impfung eines Hundes schützt nicht nur das Tier selbst, sondern auch die Menschen, die mit diesem Tier zu tun haben.

Ernährung

Bei einem Gespräch mit dem Tierarzt kann ein Hundebesitzer auch verschiedene allgemeine Informationen über die Haltung von Hunden erwerben. Zum Thema Fütterung kann man unter anderem erfahren, dass ein Hund nur so viel zu fressen bekommen sollte, dass er eine schlanke Figur behält und weder zu- noch abnimmt. Sie müssen darauf achten, dass der Hund nicht zu dick wird. Empfehlenswert ist der Einsatz von altersgerechten Fertigfuttermitteln. Der Hund sollte normalerweise nur die vom Hersteller empfohlene Tagesration erhalten. Sollte das Tier ständig nach Futter betteln, bleiben Sie erst einmal bei der vom Hersteller empfohlenen Tagesration und ignorieren Sie das Betteln. Bitten Sie aber so schnell wie möglich Ihren Tierarzt, den Ernährungszustand zu beurteilen und zu prüfen, ob es eventuelle organische Ursachen für das Betteln gibt. Sie werden auch erfahren, dass Hunde weder feste Fressenszeiten noch einen festen Fütterungsort brauchen. Man kann das gesamte Futter in Form von Belohnungshäppchen verfüttern. Hunde sollten stets ein paar Übungen machen, bevor sie etwas zu fressen bekommen, denn »Leistung wird bezahlt«. Achten Sie aber besonders darauf, dass Ihr

Hund am besten keine Knochen, aber vor allem keine Geflügelknochen frisst. Die Knochensplitter verursachen leicht Verletzungen im Verdauungsapparat. Außerdem können sich die Knochen zwischen den Zähnen verkeilen. Damit die Zähne des Hundes gesund bleiben, müssen diesem Möglichkeiten zum Kauen angeboten werden. Harte Hundekuchen oder speziell dafür hergestellte Kauknochen sind hier beispielsweise zweckmäßig. Die Zähne des Tieres müssen geputzt werden und man muss Anzeichen möglicher Probleme wie zum Beispiel Mundgeruch, Schmerzen, Appetitlosigkeit, Speicheln usw. sofort nachgehen.

Ein Zweithund?

Wenn all diese Dinge beachtet werden, man aufmerksam ist, sachkundig wird und auf die Bedürfnisse des Tieres eingeht, ist das Zusammenleben mit einem Hund wirklich etwas Wunderbares! Viele Hundebesitzer sind deshalb so begeistert, dass sie sich, ohne weiter darüber nachzudenken und zu überlegen, einfach einen zweiten Hund zulegen. Mehr als einen Hund zu halten hat sowohl Vor- als auch Nachteile. Zu den Vorteilen gehört, dass die Hunde immer einen Sozialpartner haben, besonders wenn man berufstätig und mehrere Stunden täglich außer Haus ist. Weiterhin führen die Hunde, wenn sie zu mehreren gehalten werden, ein artgerechtes Leben – vorausgesetzt, sie verstehen sich untereinander gut. Zu den Nachteilen gehört, dass der Hundebesitzer erheblich mehr Erziehungsarbeit leisten muss und doppelte Kosten für Futter, Tierarzt, Hundesteuer, Versicherungen, Ausstattung, usw. anfallen. Es ist noch wichtig anzumerken, dass Hunde sich zusammen schneller in unerwünschte Verhaltensweisen hineinsteigern können.

Angstverhalten

Während der sensiblen, prägungsähnlichen Phase des Hundelebens, also der Sozialisation und Habituation, bildet sich ab der fünften Lebenswoche im Gehirn des Tieres ein Muster, mit dem später stets verglichen wird: Bekanntes lässt den Hund sorglos, Unbekanntes jedoch wird mit Unbehagen betrachtet, was sich zu Angst und Furcht entwickeln kann.

Angst ist eine angeborene innere sowie äußere Stressreaktion des Körpers auf eine Bedrohung/Gefahr. Die bewirkt eine Empfindungs-, meist auch Verhaltensänderung, die durch potenziellen oder bereits empfundenen Verlust oder Schmerz – etwa eine Strafe – hervorgerufen wird. Werden die Hunde bedroht, bewirkt ihre Angst ein Meideverhalten; sie dient somit dem Selbstschutz. Die Angst ist der wichtigste angeborene Schutzmechanismus. Sie ist ein elementares, überlebensnotwendiges Gefühl aller höheren Lebewesen. Angst ist eine adaptive Reaktion, die die Chance zu überleben erhöht. Hätte der Hund keine Angst, würde er beispielsweise auch gegen einen Grizzly-Bären antreten – und der übermächtige Bär würde den Hund fressen oder zumindest lebensgefährlich verletzen. Ohne Angst wäre der Hund nicht lebensfähig! Geräusche, natürliche Feinde, Gebiete ohne Deckung sowie Schmerzen sind die bedeutendsten, angeborenen Angstauslöser bei Hunden.

Wir sprechen von Angst, wenn das Objekt des Unbehagens nicht bewusst ist oder wenn keine Möglichkeit besteht, die Gefahr abzuwenden. Angst bezeichnet also einen Zustand, der durch verfügbare Verhaltensprogramme nicht beseitigt werden kann, sei es durch mangelnde Reizidentifikation oder durch fehlende Verhaltensprogramme. Die Angst ist angeboren und instinktiv: Die Hunde müssen, um Angst zu empfinden, nicht erst unbedingt negative Erfahrungen machen.

Furcht dagegen bedeutet, dass das Lebewesen Gefahrenmomente erkennt und auch Wege zur Abwehr sucht. Furcht ist ebenso eine innere sowie äußere Stressreaktion des Körpers auf eine Bedrohung/Gefahr. Sie wird erlernt und tritt nur in einer von uns zuvor als negativ erlebten Situation auf. Furcht ist meistens durch Erfahrungen bedingt. Sie ist eine emotionale Reaktion eines Lebewesens auf ein anderes Lebewesen, ein Objekt oder eine bedrohliche Situation. Ein Hund kann bereits etwas fürchten, weil er damit schlechte Erfahrungen gemacht hat. Zum Beispiel: Ein bärtiger Mann schimpft immer mit einem Hund. Folglich wird dieser Hund mit großer Wahrscheinlichkeit Männer fürchten, besonders wenn sie einen Bart tragen. Angst und Furcht können ohnehin ineinander übergehen.

Viele Faktoren beeinflussen das Angstverhalten eines Hundes. Eine wichtige Rolle spielt hier die genetische Komponente. Hütehunderassen neigen dazu, eine Geräuschphobie zu entwickeln; Hunde der Rassen Dobermann und Golden Retriever sind eher prädisponiert für eine

Unterfunktion der Schilddrüse, die zu unerwarteten Reaktionen führen kann; Beagle reagieren in einer Konfliktsituation meist mit Erstarren, während Terrier in der gleichen Situation eher aggressiv reagieren.

Mangel an Erfahrungen, schlechte Erfahrungen oder vielmehr die Kombination aus beidem beeinflussen weiterhin das Angstverhalten. In diesem Fall liegt die Hauptursache in einer mangelhaften Sozialisation und Habituation sowie in der Entstehung von Deprivationsschäden. Andere Gründe sind in Erkrankungen verschiedenen Ursprungs zu suchen: Beispielsweise können Sehstörungen, Taubheit, vermindertes Riechvermögen sowie Schmerzen in jeglicher Form das Verhalten des Tieres bestimmen.

Aggression ist ein normales Verhalten. Wie Angst ist Aggression eine angeborene innere und äußere Reaktion des Körpers auf eine Bedrohung. Beispielsweise muss der Besitz von für das Leben erforderlichen Ressourcen gegenüber Konkurrenten behauptet und gegen Feinde verteidigt werden; dafür ist auch ein aggressives Verhalten erforderlich.
Aggressives Verhalten hat viele Ursachen und muss als ständige Wechselwirkung von Umwelt und Erbgut verstanden werden – es ist ein obligatorischer Teil des Sozialverhaltens und ein Regulativ für das Zusammenleben, Zusammenarbeiten und das Streiten, die Kompetition.

Nicht zuletzt muss unbedingt die Verstärkung durch den Besitzer erwähnt werden. Wenn der Hund etwas fürchtet und der Hundehalter das Tier zu beruhigen versucht, fühlt sich der Hund in seinem Verhalten bestätigt und glaubt, dass die von ihm gezeigte Reaktion die richtige sei. Als Mensch sollte man nicht vergessen, dass die Natur keinen Trost kennt. Vor allem muss man aufpassen, die Tiere nicht zu vermenschlichen.

Sollte ein Hund Angst oder Furcht zeigen, ignorieren Sie es zuerst und wenden Sie sich bitte an Tierärzte für Verhaltenstherapie oder an durch die Tierärztekammer zertifizierte Hundetrainer, die das Wissen haben, um dieses Problem individuell zu lösen.

Angstverhalten kann Stress auslösen. Es gibt viele Faktoren, die auf eine Stresssituation hinweisen. Einige Hinweise davon sind ganz einfach und werden deshalb von dem Tierbesitzer oft übersehen. Dazu gehört das Hecheln, das Gähnen und das »Sich kratzen«, was unter anderem auch auf Stress hindeuten kann.

Aggressionsverhalten

Eine fehlerhafte oder unvollständige Ausbildung des Angstsystems und des Belohnungssystems im Gehirn führt zu einer mangelhaften Angsthemmung und zu übererregbaren Hunden, die als Folge eine übermäßige Aggression zeigen.

Aber was ist eigentlich Aggression?

Man unterscheidet eine offensive und eine defensive Aggression, Näheres dazu finden Sie im Kapitel »Ausdrucksverhalten und Kommunikation«.

Die Aggression ist abhängig von den angeborenen Eigenschaften (Die Reizschwelle eines Hundes kann erhöht oder erniedrigt sein. In jeder Rasse gibt es Familien oder Linien mit einer erniedrigten Reizschwelle), von den Erfahrungen (ein Hund, der mit aggressivem Verhalten erreicht, was er will, wird dieses Verhalten wieder einsetzen), von dem körperlichen Zustand und von der speziellen Situation (Schmerzen jeder Art, Erkrankungen des Gehirns wie beispielsweise bei einer Tollwutinfektion oder einer tumorösen Veränderung, hormonelle Störungen wie beispielsweise bei Schilddrüsenproblemen oder bei Zyklusanomalien, sowie eine Frustration, sind mitverantwortlich für aggressives Verhalten. Weiterhin kann eine Steigerung vom Stress ein aggressives Verhalten auslösen).

Die Ursachen aggressiven Verhaltens sind vielfältig. Ein nicht ausreichend eingeübtes soziales Spiel, auch grobes Spiel genannt, stellt eine mögliche Ursache dar.

Die mütterliche Aggression äußert sich in dem Versuch des Muttertieres, die Welpen zu schützen. Diese Welpen können auch imaginär sein, das heißt durch Stofftiere oder andere Objekte dargestellt, was typisch bei Hündinnen während einer Scheinträchtigkeit ist. Zu den hormonellen Ursachen für das Auftreten von aggressivem Verhalten zählen auch die Kämpfe zwischen Rüden, um eine läufige Hündin decken zu können oder Dysfunktionen des Organismus wie eine Schilddrüsenunterfunktion.

Weiterhin stellen Angst und Furcht eine mögliche Ursache dar. Negative Erfahrungen, Mangel an Erfahrungen sowie eine mangelhafte Sozialisation und Habituation begünstigen deren Auftreten.

Auch das Verteidigen oder das Erwerben von Ressourcen können Ursache für ein aggressives Verhalten sein. Ein typisches Beispiel ist das Territorium. Dem Besitzer ist häufig nicht bewusst, wie weitläufig das Territorium des Hundes tatsächlich ist. Viele Hunde verstehen unter ihrem eigenen Territorium das Haus, die gemeinsame Treppe eines Mehrfamilienhauses, den Garten, das Auto, das Gebiet, in dem das Tier üblicherweise spazieren geht, eine Parkbank, auf der der Besitzer während des Spazierganges für gewöhnlich kurz verweilt, ein Restaurant, in dem man häufig essen geht und Ähnliches. In extremen Fällen werden sogar Orte, an denen sich der Besitzer oder das Tier selber gerade befinden, auch wenn sie sich dort noch nie vorher aufgehalten haben und somit kein »Gewohnheitsrecht« besitzen, als Territorium empfunden.

Auch eine Rangdemonstration kann eine Ursache für das Auftreten aggressiven Verhaltens sein. In diesem Fall wird das Verhalten als »Status bezogen« bezeichnet. Es gibt Hunde, die sozial expansiver sind als andere, ranghöhere und rangniedrigere Tiere eben. Das wird auch durch die möglichen Rangordnungen nicht nur unter Haushunden, sondern auch bei Wölfen bewiesen. Durch Beziehungen unterschiedlicher Qualität kommt es zu abhängigen Rängen: In An- oder Abwesenheit bestimmter Tiere kann ein Individuum im Rang »auf-« oder »absteigen«.

Neben Rangverhalten können auch Schmerzzustände jeglicher Art zu aggressivem Verhalten führen, die meist durch Erkrankungen bedingt sind. Viele organische Erkrankungen beeinflussen das Aggressionsverhalten; auch normale Biorhythmen wie der Sexualzyklus nehmen immensen Einfluss.

Das »umgerichtete Aggressionsverhalten« stellt eine häufige Ursache dar. Was das ist, verdeutlicht ein Beispiel: Ein Hund begegnet einem stär-

Aggressives Verhalten hat viele Ursachen.

keren, doch unsympathischen Artgenossen. Er kann jedoch nicht mit ihm streiten, weil er unterliegen würde. Folglich lässt er dann seine Aggressivität an einem anderen Objekt aus, meist an einem anderen, rangniedrigeren Artgenossen. Das läuft so ab: Der »unschuldige« rangniedrigere Hund wird malträtiert, ohne zu wissen, warum. Er muss unwissentlich herhalten, weil der andere sich mit dem stärkeren nicht anzulegen traut.

Auch Frustration macht die Hunde angriffslustig. Frustration entsteht durch Diskrepanz zwischen Wollen und Nichtkönnen. Der Begriff stammt ab vom lateinischen »frustra« – vergeblich: Der Hund möchte etwas erreichen, was er nicht zu erreichen vermag.

Je höher seine Erwartungshaltung, desto größer die Frustration. Und umso heftiger die potenzielle aggressive Reaktion.

Wissenschaftlich wurde bewiesen, dass die Aggression vielursächlich ist. Die Aggression muss als ständige Wechselwirkung von Umwelt und Erbgut verstanden werden. Leider wird Aggression kaum als das betrachtet, was sie ist: ein obligatorischer Teil des Sozialverhaltens, ein Regulativ für das Zusammenleben und Zusammenarbeiten, die Kooperation und das Streiten, die Kompetition.

Die Gesamtheit aller Verhaltensweisen, die mit kämpferischen Auseinandersetzungen zwischen Individuen im Zusammenhang stehen, wird als »Agonistisches Verhalten« bezeichnet.

Was tun, wenn ein Hund unpassend aggressiv agiert? Wie sollen wir uns dann verhalten? Damit wir mit der Situation gut umgehen können, ist zunächst wichtig, diese erst einmal zu analysieren, wenn ein solches Verhalten gezeigt wird.

Häufig hören sich aggressive Auseinandersetzungen zwischen Hunden wesentlich schlimmer an, als sie sind. In der Regel wird keiner der Hunde dabei verletzt. Es sei denn, wir mischen uns ein! Dadurch werden Kommunikation und Interaktion zwischen den Tieren so stark gestört, dass sich einige Hunde aufgrund der menschlichen »Unterstützung« stärker fühlen, als sie sind. Meistens eskaliert erst dann die Konfrontation.

Immer ernst zu nehmen ist der Angriff eines Hundes gegen einen Menschen. Ein solches Verhalten ist meist die Folge von Beziehungs- und/oder Kommunikationsproblemen zwischen Mensch und Tier. In solch einem Fall sollte man unbedingt Hilfe von Fachleuten suchen!

Was aber auf jeden Fall und generell bei einem gegenüber Menschen aggressiven Hund vermieden werden muss: Direkter Augenkontakt mit dem Tier, frontal auf den Hund zuzugehen, ihn verbal zu beruhigen oder beruhigend streicheln oder festhalten zu wollen. Ebenso unbedingt zu vermeiden ist, den Hund anzugreifen, zu beschimpfen oder bestrafen, hektisch zu reagieren oder gar wegzulaufen!

Mehr zum Themenkomplex »Aggression« finden Sie im Kapitel »Kommunikation« auf S. 104.

Was ist »Dominanz«?

Es gibt Hunde, die sich sozial expansiver als andere benehmen. Viele Menschen nennen einen extrem sozial expansiven Hund »dominant« oder »Alpha-Tier«. Das ist aber falsch! Solche Hunde befinden sich weit weg von der ranghöheren Position.

Das Wort »Dominanz« beschreibt lediglich das Verhältnis zweier Lebewesen zueinander, aber nicht Wesen oder Charakter eines einzelnen Tieres. Ein Hund kann einen anderen Hund dominieren, wenn dieser es zulässt!

Dominanz ist keine Charaktereigenschaft, sondern eine Situationsbeschreibung. Dominanz bezeichnet eine Eigenschaft von Beziehungen und nicht von Individuen.

Dominanz ergibt sich aus dem Umgang zweier Individuen miteinander, nicht im Umgang mit einer Gruppe. Beide Tiere sammeln Informationen über die Stärken und Schwächen des anderen. Dominanz bezeichnet also eine Regelhaftigkeit in einer dyadischen Beziehung, das heißt in einer Beziehung zwischen jeweils zwei Tieren. Dominanz ist nicht angeboren, sie entwickelt sich bestimmten Tieren gegenüber – oder eben auch nicht.

Sie ist immer abhängig von den Fähigkeiten oder Möglichkeiten des anderen Hundes. Jeder Hund kann sich demnach dominant verhalten und tut es dann auch, wenn das Gegenüber dies zulässt. Aus den Dominanzbeziehungen wird dann auf die Rangordnung oder Hierarchie rückgeschlossen. Es handelt sich dabei um die Gesamtheit aller Dominanzbeziehungen.

Jagdverhalten hat nichts mit Aggression zu tun und besteht aus mehreren Sequenzen, die je nach Hund und Situation nicht immer alle vollständig gezeigt werden.

Mehr Informationen zu diesem spannenden Thema finden Sie im Kapitel »Kommunikation des Hundes« auf S. 68.

Wichtige Verhaltensregeln für den Umgang mit dem Hund

Wenn wir mit unseren vierbeinigen Freunden problemlos zusammenleben möchten, müssen wir versuchen, mit den Hunden klare Verhältnisse zu schaffen. Man sollte soziale Aktivitäten beginnen und sie beenden, bevor der Hund die Lust verliert. Weiterhin muss man Spiele mit dem Hund fördern, die auch für Kinder geeignet sind, wie beispielsweise Ballspiele oder Fährtensuchspiele und Spiele ablehnen, die ungeeignet sind, wie zum Beispiel Zerren am Seil oder wilde Rauf- und Jagdspiele.

Es gibt auch eine Reihe von Verhaltensweisen, die für den Hund bedrohlich wirken können. Zu diesen gehören unter anderem, dem Tier direkt in die Augen zu schauen, den Hund beim Fressen zu stören oder sich plötzlich auf den schlafenden Hund zu legen. Trotzdem darf man auch bei ängstlichen Hunden einen Maulkorb anlegen, wenn es die Situation erfordert. Solange der Hund schrittweise daran gewöhnt wird, stellt er keine Belastung dar.

Hunde und Jagd

Das Jagdverhalten ist beim Hund genetisch fixiert und gehört deshalb zu dessen natürlichen Verhaltensweisen. Es dient zwar dem Nahrungserwerb, wird aber unabhängig von Hungergefühlen ausgelöst. Häufigster Auslöser sind schnelle Bewegungen. Alles, was flüchtet, kann eine potenzielle Beute sein. Also nicht nur Wild, sondern auch Jogger, Radfahrer, Kinder, Artgenossen, Autos und andere Haustiere können eine mächtige Jagd-Freude auslösen. Vielleicht ist das der Grund, warum viele Menschen irrtümlich glauben, dass das Jagdverhalten eine Form der Aggressivität sei. Und vielleicht wird das Jagdverhalten deshalb häufig in der Verhaltenstherapie als Problem behandelt. Es hat jedoch nichts mit Aggressivität zu tun. Aggressives Verhalten dient der Vergrößerung beziehungsweise Wahrung von Distanz. Das Jagdverhalten hingegen hat zum Ziel, eine Distanz zu verringern, um die Beute zu fassen und zu töten. Hierbei kommt es zudem zu keinerlei Kommunikation zur gegenseitigen Verständigung. Es wurden neurophysiologische Unterschiede nachgewiesen. Suchen und Folgen, Erstarren, Fixieren, Lauern, Anschleichen, Hetzen, Angreifen wie Packen und Töten sind bei der Jagd auftretende Verhaltensweisen. Und alles, was mit dem Jagen zu tun, macht dem Hund Spaß!

Die ersten Anzeichen für eine bevorstehende Jagd – intensives Schnüffeln am Boden, Luftwittern, eine genaue Beobachtung der Umgebung oder das Fixieren eines Objektes – werden leider häufig nicht als Jagdverhalten erkannt und somit nicht weiter beachtet.

Wann ein Hund erstmals ein Jagdverhalten zeigt ist unterschiedlich. Es kann sich bereits im Alter von einigen Monaten oder auch erst nach dem zweiten bzw. dritten Lebensjahr bemerkbar machen.

Um die Jagdlust zu mindern, ist eine professionelle Hilfe von Fachleuten so gut wie unerlässlich.

Regeln mit dem Hund unterwegs

Jeder Hund ist ein Individuum und muss, wie das Wort bereits verrät, individuell betrachtet und behandelt werden. Eine Grundregel, die für alle Hunde gilt und erfolgreich zu problemlosen Begegnungen führt, existiert nicht!

Der einzige sinnvolle Ratschlag, den man geben kann heißt: Respekt! Respekt gegenüber anderen Menschen … vor allem denen gegenüber, die nicht unbedingt mit Hunden Kontakt haben möchten. Respekt gegenüber anderen Hunden und auch anderen Tierarten.

Ein Hund darf für die Gesellschaft kein störender Faktor sein: Spaziergänger, Jogger, Nordic-Walker, Skateboarder, Fahrradfahrer, spielende Kinder, verschiedene Tierarten und so weiter haben ein Recht, sich ungestört zu bewegen, zu spielen und zu leben, ohne von Hunden belästigt zu werden. Nicht alle Menschen möchten von einem Hund begrüßt werden, besonders, wenn die jeweilige Kleidung nicht dafür geeignet ist.

Auch die Hinterlassenschaft sollte sofort mit einem Kotbeutel beseitigt werden. Außerdem sollte unbedingt vermieden werden, dass Hunde an unpassenden Orten sowie gegen fremde Besitztümer wie Türen, Häuser, Autoreifen usw. urinieren.

Bei angeleinten Hunden ist davon auszugehen, dass diese so geführt werden, um engere Kontakte mit Artgenossen zu vermeiden. Besitzer freilaufender Hunde sollten das respektieren und dafür sorgen, dass der eigene Hund sich fernhält.

Das Lernverhalten der Hunde

Hunde sind sehr lernfähige Tiere und können das ganze Leben lang lernen. Aber wie lernen Hunde überhaupt?

Die Hunde lernen, wie alle anderen Lebewesen, um ihren eigenen Zustand zu optimieren. Ein Lernen, um »anderen zu gefallen« oder »weil man den anderen so mag« ist von der Natur nicht vorgesehen. Das bedeutet, dass die Hunde nur etwas tun, wenn sie auch etwas davon haben. Demzufolge müssen sie also motiviert werden.

Die Motivation stellt den Anfang und den wichtigsten Aspekt der Hundeerziehung dar. Sie kann je nach Gelegenheit und je nach Individuum variieren. Motivation geht mit Belohnung einher: Sie müssen individuell für Ihren Hund eine Ultra-Belohnung herausfinden, die ihn stets und in jeder Situation mehr motiviert als alles andere!

Beispielsweise stellt Futter für den Hund kaum noch eine Motivation dar, wenn er gerade satt gefressen ist. Hat er dagegen einen gewissen Appetit, so wird er vieles tun, um an Futter zu kommen. Leckereien, Spielzeuge, Lob oder Aufmerksamkeit können der Motivation dienen.

Warum gehen Sie jeden Tag zur Arbeit? Weil Ihr »Chef« das sagt? Oder weil Sie am Monatsende dafür Gehalt bekommen? – Also: Auch wir Menschen machen ohne Motivation nichts. Und um ehrlich zu sein: Wenn wir etwas machen, wofür wir nicht bezahlt werden, so hoffen wir doch insgeheim, dass es sich irgendwie dennoch rentieren wird.

Hunde lernen am besten, indem sie Ereignisse oder Vorgänge assoziieren.

Assoziation bedeutet, dass zwei oder mehrere Ereignisse, die gleichzeitig oder kurz nacheinander geschehen, im Gehirn miteinander in Verbindung gebracht werden.
Wenn eine Assoziation regelmäßig und häufig stattfindet oder sich auf eine andere Art und Weise, wie z.B. durch eine sehr prägnante, emotionalgebundene Erfahrung im Gehirn verankert, spricht man von »Konditionierung«.

Das Gehirn eines Hundes verkoppelt nur, was innerhalb extrem kurzer Abstände nacheinander geschieht. Diese Abstände dürfen maximal zwischen einer und drei Sekunden betragen. Das sollte bei der Hundeerziehung unbedingt berücksichtigt werden!

Die beste Regel für die Hundeerziehung lautet: Wenn ein Hund etwas nach unseren Vorstellungen tut, muss die Motivation namens »Belohnung« dafür innerhalb einer Sekunde erfolgen. Sonst ist das Tier nicht mehr in der Lage, diese Belohnung mit seiner durchgeführten Handlung in Verbindung zu bringen. Natürlich nimmt der Hund gern die Belohnung entgegen – aber er weißt nicht, wofür er gerade etwas Tolles bekommt! Die Belohnung dient dann nicht mehr als Motivation für die durchgeführte Handlung. Beispielsweise gehen Sie erst in die Küche, nachdem Ihr Hund etwas gut gemacht hat, wo der Hund seine Belohnung bekommt. Das dauert mit Sicherheit einige Sekunden. Der Hund kann deshalb diese »gute Handlung« nicht unbedingt auf Befehl wiederholen, weil er ja gar nicht verknüpft hat, wofür er etwas bekam. Er ist nur jedes Mal froh, wenn jemand in Richtung Küche marschiert, weil es dort Leckeres für ihn zu ergattern gibt!

Die meisten Probleme beim Lernen entstehen durch Fehlverknüpfungen. Fehlverknüpfungen entstehen, wenn ein Hund die von uns gegebene Belohnung und das Kommando mit einer von ihm durchgeführten Handlung in Verbindung bringt, die aber nicht die Handlung ist, die wir befohlen haben und belohnen wollten. Das bedeutet, dass der Hund unser Kommando und Belohnung mit einer anderen, oft entgegengesetzten Handlung verknüpft, die nicht korrekt ist.

Kleines Beispiel: Wir sagen »Komm« und der Hund läuft weg; währenddessen laufen wir ihm hinterher und sagen weiter »Komm«. Ergo, der Welpe verknüpft den Befehl »Komm« falsch, weil er meint: »Wenn Frauchen oder Herrchen, »Komm« sagen, bedeutet das, ich muss weglaufen und sie versuchen mich zu fangen und das macht eine Menge Spaß«. Dieser Spaß stellt für das Tier die Belohnung dar.

Um Fehlverknüpfungen zu vermeiden, sollte man mit den Hunden zuerst die von Ihnen erwünschte Handlung trainieren, ohne dabei ein Kommando zu benutzen. Das heißt: Bis ein Hund beispielsweise mit Bellen reagiert, müssen Sie sich etwas einfallen lassen, um das Tier zu diesem Verhalten zu bringen. Das kann von Ihnen immensen Einsatz und Einfallsreichtum erfordern. Erst wenn der Hund die gewünschte Handlung zeigt, sollten Sie zeitgleich ein Kommando wie »Gib Laut« benutzen und das Tier sofort belohnen. So können die Hunde Handlung, Kommando und Belohnung in Verbindung bringen. Ebenso können Sie einfach abwarten, bis der Hund selbst irgendetwas zum Bellen findet. Oder Sie provozieren das Bellen einfach mit dem Klingeln an der Haustür. Das funktioniert bei Hunden fast immer. Nach einigen Wiederholungen werden die Hunde dann in der Lage sein, das Kommando mit der Belohnung und der Handlung »Bellen« zu assoziieren. Dann wird das Kommando allein ausreichen, um ein Bellen zu provozieren.

Häufig benutzen wir auch Handzeichen, um die Hunde zu bestimmten Handlungen zu bringen. Sobald der Hund regelmäßig auf diese Zeichen mit der richtigen Handlung reagiert, kann man ein Kommando als Hörzeichen hinzufügen.

Um Fehlverknüpfungen zu vermeiden, sollte man mit den Hunden zuerst die von Ihnen erwünschte Handlung trainieren, ohne dabei ein Kommando zu benutzen.

Sie sollten dabei aber unbedingt auf die richtige Reihenfolge achten: Wenn Sie zuerst das Sichtzeichen geben und dann das Kommando, können die Hunde das Wort gar nicht mehr richtig wahrnehmen, da die Tiere sich bereits zu sehr auf das Handzeichen konzentrieren. So etwas nennt man dann *»Überschattung«*.

Geben Sie daher zuerst das Hörzeichen und unmittelbar danach, nur etwa eine zehntel Sekunde später, machen Sie dann die Handbewegung. Das für uns Primaten so typische, begleitende Gestikulieren kann für die Hunde beim Lernen ein Störfaktor sein. Die Hunde nehmen nicht nur die Hörzeichen, sondern auch unter anderem alle visuellen Umstände der Situation wahr.

Intermittierende Belohnung

Wenn der Hund zum Beispiel einem extrem spannenden Ballspiel folgt, lässt er sich natürlich nicht von dem Gedanken an den stets gleichen, trockenen Keks davon abbringen – wäre doch ein echt schlechter

Belohnungen müssen der Situation angepasst sein.

Tausch, oder? Das gilt für alle möglichen Befehlsinstrumente, von der Stimme bis zum Handzeichen. Sorgen Sie bitte dafür, dass die Motivation, aus der der Hund gehorcht, für ihn immer interessant bleibt. Sollten Sie soweit sein, dass Sie selbst für den Hund die wichtigste und größte Motivation darstellen, dann sind Sie fast an der Spitze der Hundeerziehung angekommen! Nachdem der Hund eine Handlung etwa einhundert Mal ohne Schwierigkeiten gezeigt hat, hat er in der Regel die Sache verstanden. Ab dann sollten Sie ihn nicht mehr so offensichtlich belohnen, sondern mehr und mehr nach dem Zufallsprinzip, auch *»intermittierende Belohnung«* genannt. Man sollte das Tier nun in variierenden Zeitintervallen belohnen. Der Hund bleibt dadurch stets in der Erwartung, belohnt zu werden und tut weiterhin alles dafür.

Ein Vergleich aus unserer Welt: Spielautomaten machen Menschen süchtig. Weil wir Gewinne erhoffen, obwohl wir oft keine bekommen. Na ja, Hauptsache, der Hund wird von Ihnen häufiger belohnt als wir von den Spielautomaten! Andernfalls wird die Frustration bei dem Hund irgendwann so groß, dass er möglicherweise das von Ihnen erwünschte Verhalten gar nicht mehr zeigen wird.

Kontextspezifisch lernen

Hunde lernen normalerweise kontextspezifisch. Das bedeutet, dass die Tiere in diesem Moment alle Begebenheiten verknüpfen, die im selben Augenblick um sie herum geschehen. Das erklärt, warum sich viele Hundebesitzer blamieren, wenn ihr Liebling die in der Hundeschule gelernte Übung nicht vor der gesamten Verwandtschaft auf dem Parkplatz zeigen will. Wie oft hört man dann: »Aber auf dem Hundeplatz kann er alles ... sogar viel besser als die anderen Hunde!« Tja, aber was kann der Hund dafür? Er hat die Übung nicht in dem Kontext »Verwandtschaft und Parkplatz«, sondern in dem der »Hundeschule« gelernt – also auf einem bestimmten Platz mit bestimmtem Untergrund, immer mit denselben Menschen, Artgenossen, Bäumen, Gegenständen und allem anderen, was ihm für diese Übung so relevant schien. Das Kommando »Platz und Bleib!« etwa hat für die Menschen überall die gleiche Bedeutung. Die Hunde jedoch können es nur an Orten verstehen und ausführen, an denen sie es gelernt und regelmäßig geübt haben. Ebenso hat das Hörzeichen »Sitz«, wenn es dem Hund im Kontext »Wohnzimmer« beigebracht wurde, im Kontext »Garten« zunächst für das Tier keine Bedeutung.

Dass die Hunde kontextspezifisch lernen, kann auch zu verschiedenen Erziehungsproblemen führen. Daher würde ich Ihnen raten:

> *Üben Sie alles, was der Hund lernen soll, in verschiedenen Situationen und an unterschiedlichen Orten mit ihm! Das nennt man »generalisieren«.*

Kommandos richtig geben

Selbst wenn Hunde ein Kommando schon gut kennen, kann es für sie wieder an Bedeutung verlieren, wenn wir es zu oft oder in einer besonderen Situation erfolglos benutzen. Das wird in der Lerntheorie dann *»Lernen von Bedeutungslosigkeit«* genannt.

Das beste Beispiel hierfür bietet Briciola. Briciola ist eine Cockermix-Hündin, die vom Welpenalter an bei jeder Gelegenheit mit anderen Hunden uneingeschränkt spielen durfte, solange sie es nur wollte. Da ihr Herrchen und Frauchen das toll fanden und sich nichts weiter dabei dachten, überließen sie die Hunde dabei immer sich selbst. Briciola lernte also von Anfang an, dass »anderer Hund« bedeutet: »Ich kann spielen, ich brauche nicht zu gehorchen und muss mich um Herrchen und Frauchen nicht weiter kümmern«. Als Briciola etwas älter war, wollten ihre Besitzer sie plötzlich einmal aus dem Spiel abrufen, weil sie es eilig hatten. Sie ärgerten sich, dass Briciola nun nicht reagierte, obwohl sie das Kommando »Komm« sonst gut beherrschte. Das Hörzeichen »Komm« hatte für Briciola im Spiel mit Artgenossen keinerlei Bedeutung. Und je öfter ihr Herrchen später erfolglos »Komm« schrie, umso mehr verlor dieses Hörzeichen an Wert.

Apropos Schreien: Man versteht wirklich nicht, warum einige Menschen so oft laut werden oder gar schreien, um ihren Hunden einen Befehl zu geben. Oft sind die Tiere nicht mehr als einen Meter von den Menschen entfernt – und die Hunde hören sehr gut. Für die Hunde ist es sogar normal, auf Geräusche zu achten, die aufgrund ihrer Frequenz für uns nicht einmal hörbar sind. Die Hunde können im Bruchteil einer Sekunde das leiseste Geräusch wahrnehmen und genau orten. Wenn sie lernen, nur auf laute Kommandos zu reagieren, haben die gleichen Hörzeichen in leiser Form keine Bedeutung mehr für sie. Lernen die Hunde beispielsweise, sich auf ein geschrieenes »Platz« mit Brust und Bauch auf den Boden zu legen und nicht mehr zu bewegen, so werden wir sie nie aus einer gewissen Distanz dazu bringen.

Ein Beispiel: Ein Hund ist hundert Meter gegen die Windrichtung von uns entfernt. Wegen akuter Gefahr soll er sich plötzlich hinlegen. Wie laut wir nun auch »Platz!« schreien – das Hörzeichen kommt trotzdem nur sehr leise an. Da er in dem Kontext »Leise« dieses Kommando aber nicht kennt, bleibt es für ihn unbedeutend und er gehorcht nicht. Hätten wir mit ihm dieses Hörzeichen leise geübt, würde dies uns und ihm in dieser Situation sehr nützlich sein.

Konsequent sein

Ein ganz wichtiger Aspekt der Hundeerziehung ist unsere Konsequenz. Häufig erschwert unsere Inkonsequenz die Hundeerziehung: Einmal muss der Hund etwa so lange im »Platz« liegen bleiben, bis sein Herrchen etwas anderes sagt. Beim nächsten Mal darf er aufstehen, ohne beachtet zu werden, weil sein Herrchen in ein Gespräch vertieft ist. Wieder ein anderes Mal ärgert sich sein Herrchen darüber, wenn er aus eigener Initiative aufsteht oder vom »Platz« ins »Sitz« geht und trotzdem lobt er ihn manchmal dafür. Oder wir wechseln zwischen verschiedenen Kommando-Begriffen wie »Leg dich« oder »Geh runter«, obwohl wir »Platz« meinen. Wir Menschen wissen oft gar nicht, was wir den Hunden mit unserer inkonsequenten Art antun.

Wenn Hunde lernen, nur auf laute Kommandos zu reagieren, können die gleichen Hörzeichen in leiser Form keine Bedeutung mehr für sie haben.

Wissen Sie eigentlich, dass jedes Ihrer Familienmitglieder ein anderes Bewegungsmuster für die gleiche Botschaft haben kann? Wie sollen die Hunde diese unterschiedlichen Bewegungen deuten? Herrchen streckt für »Sitz« die Hand genauso aus, wie Frauchen es für »Bleib« tut. Es ist für die Tiere sehr schwierig, aus unserem Eintopf von Signalen schlau zu werden.

Das verwirrt die Hunde und sie bauen Stress auf. Haben sie Stress, so werden im Körper Substanzen frei, die bei den Hunden zu einer »Denkblockade« führen. In diesem Zustand können die Tiere weder Neues lernen noch bereits erlerntes Verhalten abrufen. Viele Frauchen und Herrchen meinen dann, ihr Liebling sei einfach stur. Sie schreien ihren Hund an oder beschimpfen ihn. Das verstärkt den Stress des Hundes nur noch mehr – und schon entsteht ein Teufelskreis des Missverstehens. Leider sind es oft die willigsten und cleversten Hunde, die am meisten unter unserer Inkonsequenz zu leiden haben.

Also seien Sie bitte konsequent mit den Hunden! Aber sollte es dennoch einmal zu so einem Stresszustand kommen, haben Sie Geduld: Unterbrechen Sie zunächst jede Übung! Überdenken Sie, wo ein Fehler passiert sein könnte! Erst wenn der Hund wieder ganz entspannt ist, sollten Sie locker, aber trotzdem konsequent von vorne beginnen.

Stress sowie auch Angst kann zu Denkblockaden führen und damit zu der Unmöglichkeit, etwas zu lernen.

Die Verstärkung

Die Belohnung ist Grundlage jeder Motivation und wird umgangssprachlich »positive Verstärkung« genannt. Durch die Belohnung steigt die momentane Stimmung: Sie löst bei den Hunden einen positiven emotionalen Zustand aus, etwa Freude. Aber wo es etwas Positives gibt, kann es auch etwas Negatives geben. Durch eine »Bestrafung« sinkt die momentane Stimmung. Es kann ein negativer emotionaler Zustand, etwa Angst, entstehen.

Das Strafen

Über Jahrhunderte wurden die Hunde durch das »Strafen« zu erziehen versucht. Den Tieren wurden gar Schmerzen zugefügt, um Ausbildungsziele zu erreichen.

Leider sind diese mehr als fragwürdigen Erziehungsmethoden auch heute noch in vielen Hundevereinen und Hundeschulen üblich.

Die Anwendung von harten körperlichen Maßregelungen kann auch in einigen Fällen tatsächlich funktionieren – in den meisten allerdings nicht.

Sollte es eventuell funktionieren, ist es trotzdem tierschutzwidrig und handelt sich um eine kurzfristige und auf gar keinen Fall langfristige Lösung.

Das Strafen ist abhängig vom Timing, der Intensität und der Konsequenz. Wenn denn überhaupt: Auch die Strafe muss während oder innerhalb einer Sekunde nach der Handlung erfolgen, damit die Hunde sie mit der von uns unerwünschten Handlung verknüpfen können. Sie muss so intensiv sein, dass sie stärker ist als die Motivation, eine von uns unerwünschte Handlung zu zeigen. Sie muss konsequent immer ausgeübt werden, sobald die Hunde die von uns unerwünschte Handlung zeigen. Andernfalls kann keine Verknüpfung zwischen Handlung und Strafe entstehen. Es kommt vielmehr, wie in den meisten Fällen, zu einer falschen Assoziation. Strafen kann daher sehr schädlich sein! Inkonsequentes und launisches Vorgehen bewirkt Vertrauensverlust beim Hund.

Wenn man von Strafen redet, denkt man als Mensch üblicherweise sofort an das Schlagen. Schlagen ist in dem Verhaltensprogramm des Hundes nicht vertreten. Schlagen ist eine Art der Bestrafung, die von dem Hund nicht nachvollzogen werden kann. Dadurch wird nur Unsicherheit und Angst vor dem Menschen anerzogen. Das Ganze kann sich dermaßen steigern, dass es sogar in einem Ernstkampf mit der Person endet.

Strafen können Nebenwirkungen haben. Eine Strafe kann von allen Hunden falsch verknüpft werden: Die Tiere bringen sie zum Beispiel mit anderen, zufällig anwesenden Personen, Geräuschen, Gerüchen oder Gegenständen in Verbindung. Eine harte körperliche Strafe löst Angst und somit Stress aus! Erinnern Sie sich an die schon besprochene Denkblockade im Gehirn, welche die Lernfähigkeit zum Negativen beeinträchtigt? Oft bleibt zum Beispiel die Angst vor Händen im Allgemeinen bestehen. Solche Tiere bezeichnet man dann als »handscheu«.

Auch der oft propagierte »Nackengriff« mit Schütteln des Hundes im Genick ist eine völlig ungeeignete »Strafmaßnahme«. Durch diese Art der Bestrafung kann ein Besitzer seinen Hund lediglich unangemessen tadeln, nicht jedoch den Weg zum richtigen Verhalten aufzeigen.

*Der Nackengriff ist **keine** geeignete Erziehungsmethode!*

Die erlernte Hilflosigkeit durch eine zu harte Einwirkung ohne Fluchtmöglichkeit, die wechselnd angenehmen und unangenehmen Folgen für das stets gleiche Verhalten und die Überforderung des Hundes spielen beim Bestrafen ebenfalls eine große negative Rolle. Die körperlichen und seelischen Schmerzen, die eine Strafe bei den Hunden auslöst, kann die Tiere zur übermäßigen Aggression verleiten. Zudem wird die Beziehung von Hund und Halter belastet.

Lernen mit Freude

Lernen muss Spaß bringen. Wenn die Hunde Freude daran haben, üben sie gern und lernen sogar viel schneller. Strafen kann es unmöglich machen, rasch zu lernen. Ihre Kreativität und Konzentration lassen nach. Ihre Kreativität hängt sehr davon ab, welche Erfahrungen die Hunde in den vorherigen Trainingsstunden gemacht haben.

Hat zum Beispiel ein Hund gelernt, dass unerwünschtes Verhalten mit Strafe verbunden ist, kann er sich der Strafe entziehen, indem er schlauerweise überhaupt keine Verhaltensweisen mehr darbietet. Denn wer nichts macht, kann auch nichts falsch machen! Wurde der Hund hingegen für erwünschte Verhaltensweisen belohnt und das unerwünschte Verhalten einfach ignoriert, so wird er sich weiterhin zwecks Belohnung um Einfallsreichtum im Verhaltensrepertoire bemühen. Also: die Ignoranz kann das beste Mittel gegen unerwünschtes Verhalten sein!

Damit aber das Ignorieren als Erziehungsmethode wirklich zum Erfolg führt, müsste der Mensch zu dem Hund eine gute und intakte Beziehung haben. Die Rolle Mensch und die Rolle Hund müssen gut und klar definiert werden. Wenn die Hunde überzeugt sind, die führende Position zu haben, interessieren sie weder unsere Befehle, noch die Tatsache ignoriert zu werden. Unsere Kommandos werden für die Hunde höchstens wie Ratschläge klingen und das Beste ist: die Tiere werden uns ignorieren! Sie drehen ganz einfach den Spieß um.

Mit dem Hund arbeiten

Hilfsmittel wie beispielsweise Kopfhalfter können oft helfen, ein Problem wie beispielsweise Ziehen an der Leine zu lösen. Durch das Band, das an der Schnauze des Hundes angelegt wird, kann der Hund sicherer geführt und das Ziehen an der Leine eventuell besser in den Griff bekommen werden. Im Vergleich zu Halsbändern oder Geschirren kann man den Kopf des Hundes lenken und kontrollieren, wodurch das Kräfteverhältnis zwischen Mensch und Hund zugunsten des Menschen verschoben wird.

Ein Kopfhalfter kann helfen, das Problem des Ziehens an der Leine zu lösen.

Dabei darf aber nie vergessen werden, dass Hilfsmittel – egal welche – nie Ersatz für schlechte Trainingsfähigkeiten des Hundehalters sind! Sie ersetzen weder Konsequenz noch gutes Timing bei der Belohnung. Bevor Hilfsmittel zum Einsatz kommen, sollte also immer zuerst geschaut werden, ob nicht Fehler des Menschen die Ursache dafür sind, dass der Hund nicht verstanden hat, was wir von ihm wollen.

Auch reagieren nicht alle Hunde gleich und am besten ist es immer, zusammen mit einem guten Trainer eine individuelle, für den Hund passende Lösung zu finden, ehe im »Selbstversuch« verschiedene Hilfsmittel ausprobiert werden.

Über den Sinn, die Notwendigkeit und die Tierschutzwidrigkeit des Einsatzes von Stromreizgeräten bei der Hundeerziehung könnte man ein Extrakapitel schreiben. Wir werden uns hier aber nur auf zwei Anmerkungen beschränken: Erstens ist die Gefahr von Fehlverknüpfungen und Angstverhalten als Folge zu groß und zweitens kann durch den Strom eine Schmerzreaktion mit Stress ausgelöst werden. Für Privathalter ist seine Anwendung in Deutschland auch verboten (siehe »Hund und Mensch in deutschen Rechtsvorschriften«).

Ein Mensch sollte mit dem Hund niemals über seine Konzentrationsfähigkeit hinaus arbeiten. Die ist abhängig von seinem Alter, Ausbildungsstand und Gesundheitszustand. Wenn eine Übung besonders gut gelingt, neigen wir Menschen dazu, die Aufgabe sogleich zu wiederholen. Wir haben eben besonderen Spaß daran, wenn wir mit dem Hund erfolgreich arbeiten! Oft wäre es für das Tier aber besser, genau in diesem Augenblick aufzuhören und das Training mit einem Erfolgserlebnis für Mensch und Hund abzuschließen. Das bringt beiden Freude und verbessert die Laune.

Viele Erziehungsprobleme könnten vermieden werden, wenn wir Menschen souverän auftreten und konsequenter das um Aufmerksamkeit heischende Verhalten des Hundes ignorieren würden.

Es könnten auch weitere Erziehungsprobleme vermieden werden, wenn wir uns Gedanken machen würden, was wir mit dem Hund eigentlich erreichen wollen: Wie möchten wir mit dem Hund arbeiten? Was wollen wir ihm beibringen? Wie könnten wir ihn belohnen? Wie lange kann sich unser vierbeiniger Liebling konzentrieren und wie kreativ ist er? In welchem Ausbildungsstadium befindet er sich? Was kann man von ihm verlangen? Wie ist unser und sein physischer und psychischer Zustand an diesem Arbeitstag? Dabei sollten Sie nicht vergessen, dass Ihr Hund ein Individuum ist, mit dem Sie auch individuell umgehen müssen. Ein Patentrezept für alle Hunde gibt es nicht!

Die Schlüssel zu einer erfolgreichen Hundeerziehung sind ein passend strukturiertes Hundetraining, spezielle Belohnungen, die Art der Erziehung, der Ausbildungsweg und die Trainingsdauer – individuell auf den eigenen Hund abgestimmt. Deshalb möchte ich Ihnen besonders ans Herz legen, mit Ihrem Hund bei einem kompetenten Tierarzt oder guten Hundetrainer konkreten Rat einzuholen!

Gute Hundeschulen

Kenntnisreiche Hundetrainer sorgen für das Wichtigste: Dem Hund den Spaß am Lernen zu erhalten! Eine positive Belohnung bringt Freude bei der Trainingsarbeit. Übermäßige Anforderungen hingegen erzeugen Stress. Gute Hundeschulen setzen die Hunde dem nicht aus. Jegliche Strafen – etwa Schläge und Nackenschüttlung – dürfen ebenso wenig vorkommen wie überlaute, bedrohliche Kommandos und Imponiergesten des Hundetrainers. Er darf sich nicht stets und ständig als »Alpha-Tier« darstellen, darf nicht eigenes Versagen durch lautes Schreien oder gar Gewalt am Tier überdecken und darf sich nicht profilieren wollen.

Nicht nur auf dem Hundeplatz sollte geübt werden, sondern auch an Örtlichkeiten des Alltags, zum Beispiel auf Bahnhöfen und in Einkaufszentren. Das führt bei den Hunden zu einer Generalisierung und Wesensstärkung.

Eine gute Hundeschule erkennt man bereits an dem dort eventuell geführten Welpenkurs. Man sollte bereits im Welpenalter mit der Erziehung anfangen, muss aber gleichzeitig darauf achten, dass sowohl die Übungen als auch die Dauer der Übungseinheiten dem Alter des Welpen angepasst sind. Hierbei beginnt man einfach. Wichtig hierbei ist, dass der Welpe keine Angst hat und nicht zu aufgeregt ist. Man sollte liebevoll, aber konsequent mit ihm umgehen. Weiterhin sollte man ihm im positiven Sinn viele Reizsituationen bieten, um ihn an alltägliche Situationen zu gewöhnen. Die Übungen sollten spielerisch aufgebaut werden, denn so lernt der Welpe in einer stressfreien Übungsatmosphäre. Es wäre also anzuraten, nachdem das Tier vom Züchter geholt wurde und sein neues Zuhause kennengelernt hat, eine Welpengruppe zu besuchen. Hierfür ist es nicht notwendig, den vollständigen Impfschutz abzuwarten.

Trotzdem ist es empfehlenswert, sich vor dem Besuch einer Hundeschule mit dem zukünftigen Tierarzt in Verbindung zu setzen, um den Impfstatus des Tieres durchchecken zu lassen, da es je nach Züchter, Alter und Zuchtbedingungen Unterschiede gibt. Hier arbeiten am besten maximal acht Welpen pro Betreuungsperson zusammen. Diese Person nimmt sich genügend Zeit, um Fragen der jeweiligen Frauchen und Herrchen zu beantworten. Das Alter der Hunde liegt in diesen Kursen zwischen acht und zwanzig Wochen. Nach der zwanzigsten Lebenswoche kommen die Hunde in eine Art Rüpelphase und könnten dementsprechend den Kurs stören. Ein Grundstück mit Struktur, wie liegende Baumstämme, Reifen, Bäche etc. sollte vorhanden sein. Dort wird theoretischer und praktischer Unterricht durchgeführt. Es wird nicht nur gespielt, auch die Grundkommandos, Bindungs- und erste Erziehungsübungen werden kurz geübt. Spaziergänge, wie zum Beispiel in die Stadt oder zu verschiedenen Tiergehegen, stehen auf dem Programm. Spielpartner müssen zusammenpassen, also darf kein zu großer Altersunterschied vorliegen! Eventuell sollte ein erwachsener, welpenerfahrener Hund ab und zu dabei sein. Ganz wichtig: Frei herumlaufende Welpen machen noch keine Welpenstunde!

Auch in Hundeschulen ohne Welpenkurse muss auf jeden Fall feststehen, dass der Hund als Partner angesehen wird und deshalb das Erzeugen von Angst keinen Sinn macht! Man arbeitet mit gewaltfreien Methoden ohne Schimpfen. Der Einsatz von Stachelhalsbändern zum Beispiel birgt bestimmte Gefahren wie ein hohes Verletzungsrisiko, Erzeugen von Stress durch die schmerzhafte Einwirkung, wobei es in vielen Fällen zu fehlerhaften Verknüpfungen kommt und die Hunde aggressiver werden können.

Besser arbeitet man mit Motivation wie Stimme, Futter und Spiel, um den gewünschten Erfolg zu erlangen!

Die Hunde sollten ebenfalls von dem Alter und den Fähigkeiten her gut zusammenpassen. Auch Theorien über Hundeverhalten sowie das korrekte Auftreten mit den Tieren in der Öffentlichkeit sollten hier auf dem Lehrplan stehen.

Sinn und Zweck der Übungen werden immer ausführlich erklärt. Richtiges Reagieren bei Problemen oder Rauferei wird vorab geklärt. Problemhunde werden nicht weggeschickt, sondern besonders intensiv betreut, es sei denn, die Probleme erfordern eine Verhaltenstherapie.

Der Hund, sowie dessen Frauchen und Herrchen sollen Spaß am Unterricht haben. Es spricht für die Hundeschule, wenn Ihr Hund gerne dorthin geht und nicht den Schwanz einklemmt!

Ein guter Hundetrainer muss Grundlagenkenntnisse und praktische

Fähigkeiten der folgenden Themengebiete nachweisen können:

- Lernverhalten
- Problemverhalten
- Zucht / Haltung / Ernährung
- Tiergesundheit / Erste Hilfe
- Rechtsfragen
- Anatomie
- Ethologie, speziell Ontogenese, Kommunikation, Spiel, Aggression, Domestikation
- Neurophysiologische Grundlagen
- Methodik und Didaktik des Lehrens
- Unternehmensführung und Management

Zum besseren Verständnis möchten wir nun einige oben erwähnte Begriffe erklären.
Unter dem Begriff ***Ethologie*** *versteht man ganz einfach die Verhaltensbiologie.*
Die ***Ontogenese*** *beschreibt die Entwicklung des einzelnen Lebewesens von der befruchteten Eizelle bis zum Tod.*
Domestikation *ist ein innerartlicher Veränderungsprozess von Lebewesen, bei dem diese durch den Menschen über Generationen hinweg von der Wildform genetisch isoliert gehalten werden. Damit wird ein Zusammenleben mit dem Menschen in dessen Haus ermöglicht. Einfach ausgedrückt beschreibt der Begriff Domestikation den Wandel vom »Wildtier zum Haustier«.*

Nach langjährigen intensiven, bundesweit durchgeführten Diskussionen hat die Tierärztekammer Schleswig-Holstein Anfang 2007 begonnen, Hundetrainer zu prüfen und zu zertifizieren. Seitdem reisen Kandidaten aus den unterschiedlichsten Bundesländern nach Schleswig-Holstein und treten die Prüfung an. Es wurde Zeit, dass eine Behörde in das Chaos der plötzlich auferstandenen und selbsternannten »Hundegurus« Ordnung gebracht hat. Hier wurden Qualitätskriterien für Hundetrainer/innen und deren Umsetzung in Form einer Prüfung entwickelt. Der erfolgreiche Abschluss der Prüfung stellt dann eine Zertifizierung der Tätigkeit für die jeweilige Person dar.

Da es sich hier um eine fachlich unanfechtbare und auf alle Bereiche der oben genannten Tätigkeiten anzuwendende Zertifizierung handelt, sind die Kriterien dafür frei von ideologischen oder einseitig entwickelten Inhalten erarbeitet worden. Die kostenaufwendige Mitgliedschaft in einem Verband oder einer Institution sowie das Teilnehmen an noch teureren Pflichtseminaren ist nicht Voraussetzung. Die Kandidaten dürfen sich prüfen lassen, egal, woher sie ihr Wissen erworben haben.

Besuchen Sie lieber keine Hundeschule als eine schlechte!

Ein Trainer sollte wissen, wo seine Grenzen liegen! Wie durch die Hundetrainerzertifizierung der Tierärztekammer angestrebt, wäre die Kooperation mit einem Tierarzt für Verhaltenstherapie optimal.

Eine Auflistung der zertifizierten Hundetrainer/innen finden Sie auf der Homepage der Tierärztekammer Schleswig-Holstein und Niedersachsen.

Sollte ein Hund, der immer lieb und friedlich war, ganz plötzlich aggressives Verhalten zeigen, muss er schnellstens dem Tierarzt vorgestellt werden, denn er könnte Schmerzen oder eine andere Erkrankung haben. Wenn man aber nach einigen problematischen Begegnungen mit anderen Hunden feststellt, dass sich der eigene Hund mit Artgenossen nicht verträgt, sollte man Rat bei einem der oben genannten Hundetrainer oder einem Tierarzt suchen, der auf Verhaltenstherapie spezialisiert ist. Nicht vergessen: Besser keine Hundeschule besuchen als eine schlechte!

Hund und Mensch in deutschen Rechtsvorschriften

Das Leben mit Hunden wird auch durch Gesetze geregelt. Diesbezüglich gibt es zum einen Rechtsvorschriften auf ***Bundesebene:***

- Grundgesetz
- Tierschutzgesetz
- Tierschutz-Hundeverordnung
- Hundeverbringungs- und Einfuhrbeschränkungsgesetz
- Straßenverkehrsordnung
- Bürgerliches Gesetzbuch
- Haftpflichtgesetz
- Strafgesetzbuch
- Ordnungswidrigkeitengesetz
- Bundesjagdgesetz
- Bundeswaldgesetz

Und zum anderen auf ***Landesebene:***
Hundegesetze sowie Gefahrhundegesetze und –verordnungen der Bundesländer, Landesjagdgesetze und Landesforstgesetze.

Dazu kommen noch kommunale, öffentliche und private Vorschriften. Außerdem existieren Verordnungen und Entscheidungen der Europäischen Union.

Alles kann von den Homepages der jeweiligen Ministerien sowie zuständigen Behörden heruntergeladen werden.

Ein Wirbeltier, in unserem spezifischen Fall ein Hund, gilt in der Rechtsprechung nach §90 a BGB nicht mehr als »Sache«, sondern als Kreatur, als Mitgeschöpf. Im Jahr 2002 wurde der neue Stellenwert des Tieres in § 20 a des Grundgesetzes manifestiert.

Um ein Tier halten zu dürfen, reicht das Eigentum am Tier allein nicht aus. § 2 des TierSchG spricht all jene Personen an, die auf ein Tier gezielt einwirken können: In der Regel sind das der Tierhalter oder Tierbetreuer. Betreuer sind meist Familienangehörige oder Beauftragte des Halters. Entscheidend ist also nicht, ob einem das Tier auch gehört.

> *Die tierschutzgerechte Hundehaltung basiert auf fünf Aspekten:*
> 1. *Ernährung*
> 2. *Pflege*
> 3. *Verhaltensgerechte Unterbringung*
> 4. *Artgemäße Bewegung*
> 5. *Qualifikation des Tierhalters*

Die Haltung eines Hundes zeichnet sich durch das Verhältnis zwischen Tier und Mensch aus; man trifft selbstständig ohne Weisungen Entscheidungen für das Tier und soll ein eigenes Interesse an dessen Fürsorge haben.

§ 12 des TierSchG sieht ein Haltungsverbot für Menschen vor, die den Tieren nicht gerecht werden.

Und § 17 des TierSchG droht legitim: »Mit Freiheitsstrafen bis zu drei Jahren oder mit Geldstrafe wird bestraft, wer (...) (...) einem Wirbeltier (...) länger anhaltende oder sich wiederholende erhebliche Schmerzen oder Leiden zufügt.«

Hier werden die wichtigsten Passagen der jeweiligen Gesetze und Verordnungen zusammengefasst:

Grundgesetz:

Mit dem Art. 20a gewinnen seit dem Jahr 2002 natürliche Lebensgrundlagen sowie Tiere an juristischer Bedeutung:

»Der Staat schützt, auch in der Verantwortung für die künftigen Generationen, die natürlichen Lebensgrundlagen und die Tiere im Rahmen der verfassungsmäßigen Ordnung durch die Gesetzgebung und nach Maßgabe von Gesetz und Recht durch die vollziehende Gewalt und die Rechtsprechung.« (Art. 20a GG)

Tierschutzgesetz:
Dieses Bundesgesetz gilt nur für Wirbeltiere und für Cephalopoden (Kopffüßer). Hier wird eine Kurzfassung einiger Paragraphen dargestellt.

»Zweck dieses Gesetzes ist es, aus der Verantwortung des Menschen für das Tier als Mitgeschöpf dessen Leben und Wohlbefinden zu schützen. Niemand darf einem Tier ohne vernünftigen Grund Schmerzen, Leiden oder Schäden zufügen.« (§ 1 TierSchG)

»Wer ein Tier hält, betreut oder zu betreuen hat, muss das Tier seiner Art und seinen Bedürfnissen entsprechend angemessen ernähren, pflegen und verhaltensgerecht unterbringen, darf die Möglichkeit des Tieres zu artgemäßer Bewegung nicht so einschränken, dass ihm Schmerzen oder vermeidbare Leiden oder Schäden zugefügt werden, muss über die für eine angemessene Ernährung, Pflege und verhaltensgerechte Unterbringung des Tieres erforderlichen Kenntnisse und Fähigkeiten verfügen.« (§ 2 TierSchG)

»Das Bundesministerium wird ermächtigt, durch Rechtsverordnung mit Zustimmung des Bundesrates, soweit es zum Schutz der Tiere erforderlich ist, Anforderungen an Ziele, Mittel und Methoden bei der Ausbildung, bei der Erziehung und beim Training von Tieren festzulegen.« (§2a Abs. 1a TierSchG)

Wer Hunde gewerbsmäßig ausbildet und/oder mit Hunden verhaltenstherapeutisch tätig ist, benötigt eine Erlaubnis nach § 11 TierSchG; d.h. eine Erlaubnis nach dem § 11 TierSchG benötigt jeder, der gewerbsmäßig für Dritte Hunde ausbildet oder die Ausbildung der Hunde durch den Tierhalter anleitet. (§ 11 Abs. 1 Nr. 8 f TierSchG)

Diese Erlaubnispflicht wird durch die jeweiligen Veterinärämter erteilt und gilt auch für verhaltenstherapeutische Tätigkeiten.

»Es ist verboten, einem Tier außer in Notfällen Leistungen abzuverlangen, denen es wegen seines Zustandes offensichtlich nicht gewachsen

ist oder die offensichtlich seine Kräfte übersteigen.« (§3 Nr. 1 TierSchG)

»Es ist verboten, ein gebrechliches, krankes oder altes, im Haus, Betrieb oder sonst in der Obhut des Menschen gehaltenes Tier, für das ein Weiterleben mit nicht behebbaren Schmerzen oder Leiden verbunden ist, zu einem anderen Zweck als zur unverzüglichen schmerzlosen Tötung zu veräußern oder zu erwerben«. (§3 Nr. 2 TierSchG)

»Es ist verboten, ein im Haus, Betrieb oder sonst in der Obhut des Menschen gehaltenes Tier auszusetzen oder es zurückzulassen, um sich seiner zu entledigen oder sich der Halter- oder Betreuungspflicht zu entziehen«. (§3 Nr. 3 TierSchG)

»Es ist verboten, ein Tier auszubilden oder zu trainieren, sofern damit erhebliche Schmerzen, Leiden oder Schäden für das Tier verbunden sind.« (§3 Nr. 5 TierSchG)

»Es ist verboten, ein Tier an einem anderen lebenden Tier auf Schärfe abzurichten oder zu prüfen«. (§3 Nr. 7 TierSchG)

»Es ist verboten, ein Tier auf ein anderes Tier zu hetzen, soweit dies nicht die Grundsätze weidgerechter Jagdausübung erfordern».
(§3 Nr. 8 TierSchG)

»Es ist verboten, ein Tier zu einem derartig aggressiven Verhalten auszubilden oder abzurichten, dass dieses Verhalten bei ihm selbst zu Schmerzen, Leiden oder Schäden führt oder im Rahmen jeglichen artgemäßen Kontaktes mit Artgenossen bei ihm selbst oder einem Artgenossen zu Schmerzen oder vermeidbaren Leiden oder Schäden führt oder seine Haltung nur unter Bedingungen zulässt, die bei ihm zu Schmerzen oder vermeidbaren Leiden oder Schäden führen«.
(§3 Nr. 8a TierSchG)

»Es ist verboten, ein Gerät zu verwenden, das durch direkte Stromeinwirkung das artgemäße Verhalten eines Tieres, insbesondere seine

Bewegung, erheblich einschränkt oder es zur Bewegung zwingt und dem Tier dadurch nicht unerhebliche Schmerzen, Leiden oder Schäden zufügt, soweit dies nicht nach bundes- oder landesrechtlichen Vorschriften zulässig ist.« (§3 Nr. 11 TierSchG)

»Ein Wirbeltier darf nur unter Betäubung oder sonst, soweit nach den gegebenen Umständen zumutbar, nur unter Vermeidung von Schmerzen getötet werden.« (§4 Abs. 1 TierSchG)

»Verboten ist das vollständige oder teilweise Amputieren von Körperteilen oder das vollständige oder teilweise Entnehmen oder Zerstören von Organen oder Geweben eines Wirbeltieres. Das Verbot gilt nicht, wenn der Eingriff im Einzelfall a) nach tierärztlicher Indikation geboten ist oder b) bei jagdlich zu führenden Hunden für die vorgesehene Nutzung des Tieres unerlässlich ist und tierärztliche Bedenken nicht entgegenstehen. Das Verbot gilt nicht, wenn zur Verhinderung der unkontrollierten Fortpflanzung oder – soweit tierärztliche Bedenken nicht entgegenstehen – zur weiteren Nutzung oder Haltung des Tieres eine Unfruchtbarmachung vorgenommen wird.« (§6 Abs. 1 Nr. 1 TierSchG)

»Ohne Einwilligung der Erziehungsberechtigten dürfen Wirbeltiere an Kinder oder Jugendliche bis zum vollendeten 16. Lebensjahr nicht abgegeben werden.« (§11c TierSchG)

»Die zuständige Behörde trifft die zur Beseitigung festgestellter Verstöße und die zur Verhütung künftiger Verstöße notwendigen Anordnungen.« (§16a TierSchG)

»Die zuständige Behörde kann ein Tier, das erheblich vernachlässigt ist oder schwerwiegende Verhaltensstörungen aufzeigt, dem Halter fortnehmen. Die Behörde kann das Tier unter Vermeidung von Schmerzen töten lassen, wenn das Tier nur unter nicht behebbaren erheblichen Schmerzen, Leiden oder Schäden weiterleben kann.« (§16a Nr. 2 TierSchG)

»Mit Freiheitsstrafe bis zu drei Jahren oder mit Geldstrafe wird bestraft, wer ein Wirbeltier ohne vernünftigen Grund tötet oder einem Wirbeltier aus Rohheit erhebliche Schmerzen oder Leiden oder länger anhaltende oder sich wiederholende erhebliche Schmerzen oder Leiden zufügt.« (§17 TierSchG)

»Tiere, auf die sich eine Straftat oder eine Ordnungswidrigkeit bezieht, können eingezogen werden.« (§19 Abs. 1 TierSchG)

Tierschutz-Hundeverordnung:
Hier werden die Mindestvorgaben für das Züchten und das Halten von Hunden in der Bundesrepublik Deutschland aufgeführt.

»Einem Hund ist ausreichend Auslauf im Freien außerhalb eines Zwingers oder einer Anbindehaltung sowie ausreichend Umgang mit der Person, die den Hund hält, betreut oder zu betreuen hat (Betreuungsperson), zu gewähren. Auslauf und Sozialkontakte sind der Rasse, dem Alter und dem Gesundheitszustand des Hundes anzupassen.« (§2 Abs. 1 TierSchHuV)

»Einem einzeln gehaltenen Hund ist täglich mehrmals die Möglichkeit zum länger dauernden Umgang mit Betreuungspersonen zu gewähren, um das Gemeinschaftsbedürfnis des Hundes zu befriedigen.« (§2 Abs. 3 TierSchHuV)

»Ein Welpe darf erst im Alter von über acht Wochen vom Muttertier getrennt werden. Dies gilt nicht, wenn die Trennung nach tierärztlichem Urteil zum Schutz des Muttertieres oder des Welpen vor Schmerzen, Leiden oder Schäden erforderlich ist. Ist eine vorzeitige Trennung mehrerer Welpen vom Muttertier erforderlich, sollen diese bis zu einem Alter von acht Wochen nicht voneinander getrennt werden.«
(§2 Abs. 4 TierSchHuV)

»Wer einen Hund im Freien hält, hat dafür zu sorgen, dass dem Hund eine Schutzhütte und außerhalb der Schutzhütte ein witterungs-

geschützter, schattiger Liegeplatz mit wärmegedämmtem Boden zur Verfügung steht.« (§ 4 Abs. 1 Nr. 2 TierSchHuV)

»Die Schutzhütte muss aus wärmedämmendem und gesundheitsunschädlichem Material hergestellt und so beschaffen sein, dass der Hund sich daran nicht verletzen und trocken liegen kann. Sie muss so bemessen sein, dass der Hund 1. sich darin verhaltensgerecht bewegen und hinlegen und 2. den Innenraum mit seiner Körperwärme warmhalten kann, sofern die Schutzhütte nicht beheizbar ist.« (§4 Abs. 2 TierSchHuV)

»In einem Zwinger muss dem Hund entsprechend seiner Widerristhöhe folgende uneingeschränkt benutzbare Bodenfläche zur Verfügung stehen: bis 50 cm: 6 qm, über 50 bis 65 cm: 8 qm, über 65 cm: 10 qm.« (§6 Abs. 2 TierSchHuV)

»Die Anbindehaltung ist verboten bei 1. einem Hund bis zum Alter von 12 Monaten, 2. einer tragenden Hündin im letzten Drittel der Trächtigkeit, 3. einer säugenden Hündin, 4. einem kranken Hund, wenn ihm dadurch Schmerzen, Leiden oder Schäden zugefügt würden.« (§7 Abs. 7 TierSchHuV)

»Die Betreuungsperson hat dafür zu sorgen, dass dem Hund in seinem gewöhnlichen Aufenthaltsbereich jederzeit Wasser in ausreichender Menge und Qualität zur Verfügung steht. Sie hat den Hund mit artgemäßem Futter in ausreichender Menge und Qualität zu versorgen.« (§8 Abs. 1 TierSchHuV)

»Die Betreuungsperson hat den Hund unter Berücksichtigung des der Rasse entsprechenden Bedarfs regelmäßig zu pflegen und für seine Gesundheit Sorge zu tragen; für ausreichende Frischluft und angemessene Lufttemperaturen zu sorgen, wenn ein Hund ohne Aufsicht in einem Fahrzeug verbleibt; den Aufenthaltsbereich des Hundes sauber und ungezieferfrei zu halten; Kot ist täglich zu entfernen.« (§8 Abs. 2 TierSchHuV)

Hundeverbringungs- und Einfuhrbeschränkungsgesetz:
Dieses Bundesgesetz entstand nach dem tödlichen Angriff zweier Hunde auf ein Kind in Hamburg.

Hier werden Hunde aufgrund ihrer Rassezugehörigkeit einfach diskriminiert.

An dieser Stelle möchten die Autoren vermerken, dass alle Hunde unabhängig ihrer Rasse eine Gefahr für die Öffentlichkeit sein können.

Es kommt darauf an wer sich am anderen Ende der Leine befindet!

»Hunde der Rassen Pitbull-Terrier, American Staffordshire-Terrier, Staffordshire-Bullterrier, Bullterrier sowie deren Kreuzungen untereinander oder mit anderen Hunden dürfen nicht in das Inland eingeführt oder verbracht werden.«...»Hunde weiterer Rassen sowie deren Kreuzungen untereinander oder mit anderen Hunden, für die nach den Vorschriften des Landes, in dem der Hund ständig gehalten werden soll, eine Gefährlichkeit vermutet wird, dürfen aus dem Ausland nicht in dieses Land eingeführt oder verbracht werden.« (§2 Abs. 1 HundVerbrEinfG)

»Blindenführhunde, Behindertenbegleithunde und Hunde des Katastrophen- und Rettungsschutzes dürfen in das Inland verbracht oder eingeführt werden. Gefährliche Hunde dürfen in das Inland verbracht oder eingeführt werden, wenn die Hunde nach vorübergehendem Verbringen in das Ausland oder vorübergehender Ausfuhr an einen Aufenthaltsort im Inland zurückkehren, an dem sie berechtigt gehalten werden dürfen.« (§2 Abs. 1-2 HundVerbrEinfVO)

Straßenverkehrsordnung:
Ein Teil dieser Verordnung widmet sich ebenso den Hunden.

»Die Teilnahme am Straßenverkehr erfordert ständige Vorsicht und gegenseitige Rücksicht. Jeder Verkehrsteilnehmer hat sich so zu verhalten, dass kein Anderer geschädigt, gefährdet oder, mehr als nach den Umständen unvermeidbar, behindert oder belästigt wird.« (§1 StVO)

»Der Fahrzeugführer ist dafür verantwortlich, dass seine Sicht und das Gehör nicht durch die Besetzung, Tiere, die Ladung, Geräte oder den Zustand des Fahrzeugs beeinträchtigt werden. Er muss dafür sorgen, dass Verkehrssicherheit des Fahrzeugs durch die Ladung oder die Besetzung nicht leidet.« (§ 23 Abs. 1 StVO)

»Haus- und Stalltiere, die den Verkehr gefährden können, sind von der Straße fernzuhalten. Sie sind dort nur zugelassen, wenn sie von geeigneten Personen begleitet sind, die ausreichend auf sie einwirken können. Es ist verboten, Tiere von Kraftfahrzeugen aus zu führen. Von Fahrrädern aus dürfen nur Hunde geführt werden.« (§ 28 StVO)

Bürgerliches Gesetzbuch:
Auch hier, wo Rechtsbeziehungen zwischen Privatpersonen geregelt werden, spielen Tiere eine Rolle.

»Tiere sind keine Sachen. Sie werden durch besondere Gesetze geschützt. Auf sie sind die für Sachen geltenden Vorschriften entsprechend anzuwenden, soweit nicht etwas anderes bestimmt ist.« (§90a BGB)

»Die aus einer Heilbehandlung eines verletzten Tieres entstandenen Aufwendungen sind nicht bereits dann unverhältnismäßig, wenn sie dessen Wert erheblich übersteigen.« (§251 Abs. 2 BGB)

»Wird durch ein Tier ein Mensch getötet oder der Körper oder die Gesundheit eines Menschen verletzt oder eine Sache beschädigt, so ist derjenige, welcher das Tier hält, verpflichtet, dem Verletzten den daraus entstehenden Schaden zu ersetzen.« (§ 833 BGB)

»Der Eigentümer eines Tieres hat bei der Ausübung seiner Befugnisse die besonderen Vorschriften zum Schutz der Tiere zu beachten.« (§ 903 BGB)

Haftpflichtgesetz

»Hat bei der Entstehung des Schadens ein Verschulden des Geschädigten mitgewirkt, so hängt die Verpflichtung zum Ersatz sowie der Umfang des zu leistenden Ersatzes von den Umständen, insbesondere davon ab, inwieweit der Schaden vorwiegend von dem einen oder anderen Teil verursacht worden ist.« (§4 HaftPflG mit §254 Abs. 1 BGB)

Bundesjagdgesetz:

»Der Jagdschutz umfasst nach näherer Bestimmung durch die Länder den Schutz des Wildes insbesondere vor Wilderern, Futternot, wildernden Hunden und Katzen sowie die Sorge für die Einhaltung der zum Schutz des Wildes erlassenen Vorschriften.« (§ 23 BJagdG)

Bundeswaldgesetz:

»Das Betreten des Waldes zum Zwecke der Erholung ist gestattet. Das Radfahren, das Fahren mit Krankenfahrstühlen und das Reiten im Walde ist nur auf Straßen und Wegen gestattet. Die Länder regeln die Einzelheiten. Sie können das Betreten des Waldes aus wichtigem Grund einschränken und andere Benutzungsarten ganz oder teilweise dem Betreten gleichstellen.« (§14 BWaldG)

Kommunikation des Hundes *(Canis lupus familiaris L)* mit Artgenossen und dem Menschen

Wölfe, Menschen und Haushunde – Ursprünge und Entwicklung einer besonderen Vergesellschaftung und Kommunikation über Artgrenzen hinaus

Als gesichert gilt, dass Hunde die ersten Haustiere des Menschen waren. Viele ungelöste Fragen gibt es hingegen nach wie vor zu den Domestikationsorten, zu den Zeiten und möglichen Ursachen (Thalmann et al. 2013). Nach heutigem Kenntnisstand fand die Domestikation des Hundes vor 40 000 bis 20 000 b. p. (= before present) Jahren in Eurasien statt. Dabei gehen Hunde wohl zusammen mit dem Wolf (*Canis lupus L.*) auf eine gemeinsame Urpsrungsart zurück (Novembre, 2016).

Heutige Hunde also stammen nicht von den heutigen Wölfen ab, sondern von einem nicht mehr existenten gemeinsamen Vorfahren (Callaway, 2013). Die neuen Arbeiten zeigen große Übereinstimmungen der prähistorischen Hunde mit heute lebenden Hunden. Rückschlüsse auf eine kontinuierliche Hundepopulation aus der Jungsteinzeit bis zu heutigen Rassehunden bieten sich an, auch wenn deren Aussehen sicherlich unterschiedlich war – genetisch ergaben sich überraschende Ähnlichkeiten.

Hunde stammen nicht von den heutigen Wölfen ab, sondern von einem nicht mehr existenten gemeinsamen Vorfahren.

Für den Zeitraum 20.000 – 15.000 b.p. gibt es die archäologische Überzeugung, dass Hunde Sozialpartner des Menschen waren (z.B. wurden Menschen gemeinsam mit Hunden begraben) und »mentale« Benefits wie soziale Faktoren und Empathie werden heute ganz überwiegend als Gründe für die Domestikation des Wolfes gesehen. Goldschakale *(Canis aureus L.)* und Koyoten *(C. latrans SAY)* oder Bastardierungen dieser Canis-Arten werden als mögliche Vorfahren und Erklärungsmodelle der großen Variabilität der Haushunde heute hingegen kaum noch diskutiert.

Hunde und Menschen passen im sozialen Kontext schlicht wunderbar zueinander. Empathisches Verhalten gelingt bei ihnen über soziale Homologien (Abstammungsähnlichkeiten) wie Analogien (Anpassungsähnlichkeiten), somit über die evolutionäre Anpassung des Hundes an den Menschen. Denn Hunde scheinen im Verlauf ihrer Domestikation bestimmte sozio-kognitive Fähigkeiten des Menschen übernommen zu haben. So hat sich eine Art sozialer Abhängigkeit entwickelt (dog humanization im Sinne von Morey, 2011) und der psychische Nutzen von Hunden gilt vorrangig dem Menschen (Schibler, 2008).

Der Hund hat sich evolutionär an den Menschen angepasst.

Hunde und ihre Menschen – zum Phänomen einer besonderen sozialen Passung

Es sind insbesondere die Anpassungsähnlichkeiten (Analogien), die als Folge paralleler Selektionsdrücke im Zusammenleben des Hundes mit dem Menschen als funktionell ähnliche Merkmale entstanden sind. Die lange Domestikationszeit von Hunden führte zu besonderen Anpassungen an die Kommunikation mit dem Menschen. Zwischen Hund und Mensch herrscht also kommunikativ eine hohe Übereinstimmung. Wir können uns in besonderer Weise in hundliche Emotionen einfühlen und damit Hunde besonders gut verstehen. Gelingt also über die wölfische Abstammung der Hunde deren Passung mit dem Menschen über einen hohen Grad an Sozialität, so erfolgte über die Co-Evolution mit dem Menschen eine Bindungszunahme einerseits wie eine bessere Kommunikation andererseits. Im Leben von Wölfen, die Hunde wurden, und Menschen entstand Verwobenes, aufeinander Bezogenes. Hunde sind DIE Haustiere des Menschen. Zwischen Hunden und Menschen gibt es viel intuitives Verstehen, ein besonderes Einfühlungsvermögen und eine Art kreative Entwicklung im Umgang miteinander. Voraussetzung dafür ist, dass Menschen sich dieser Möglichkeiten bewusst sind und ganz besonders auf deren Ausformung achten. Ein Zusammenleben von Menschen und Hunden sollte adaptiv sein. Da ein diesbezüglicher Nachweis schwierig ist, bleibt die Fitnesssteigerung eine Hypothese. Wir kennen die frappierenden Ähnlichkeiten von Mensch-Hund-Teams, die ganz überwiegend durch kommunikative Einstellung von Hunden auf uns erfolgen und eine unterstützende Reaktion bei Herausforderung des Teams in Aussicht stellen! Hunde wurden zur sozialen Kommunikation mit dem Menschen gehalten und vermehrt, so die Hypothese. So wundert es nicht, dass gerade Hunde Verständnis für das Pointing, die menschliche Zeigegeste, entwickelten (Miklosi, A. & Soproni, A., 2006), dass Blicke Zeigegesten wurden und dass etwa die Stimme des Menschen an Wichtigkeit zunahm. Hunde können zudem Emotionen im Gesicht des Menschen erkennen. Wir kennen die so außerordentlich variablen Erscheinungsformen des Hundes. So stehen hochgezogene innere Augenbrauen für Hilfsbedürftigkeit und Traurigkeit, vermitteln damit das sogenannte Kindchenschema. Dieser neotene Ausdruck, der ein Welpengesicht kennzeichnet, ist bei Menschen sehr beliebt.

Hunde können menschlichen Blicken und Zeigegesten folgen und Emotionen in den Gesichtern von Menschen erkennen.

Hunde mit dieser Augenweitung wurden im Tierheim am häufigsten vermittelt (B.M. Waller et al., 2013). Dieser Schlüsselreiz, der Menschen beeindruckt, wird von Hunden unter anderem als aktive Kommunikation genutzt (Kaminski, 2018). Hunde sind Spezialisten für kommunikative Hinweise des Menschen. Auch dieses Vermögen entstand als Analogie im Zuge der Domestikation und ist ein Ausdruck der Anpassung an das Zusammenleben mit dem Menschen.

Zudem erlernen Hunde Wortbedeutungen sehr rasch. Dabei fand man heraus, dass die linke Hirnhälfte von Hunden eher auf bedeutungsgebende phonetische Signale (Wörter) anspricht, während die rechte

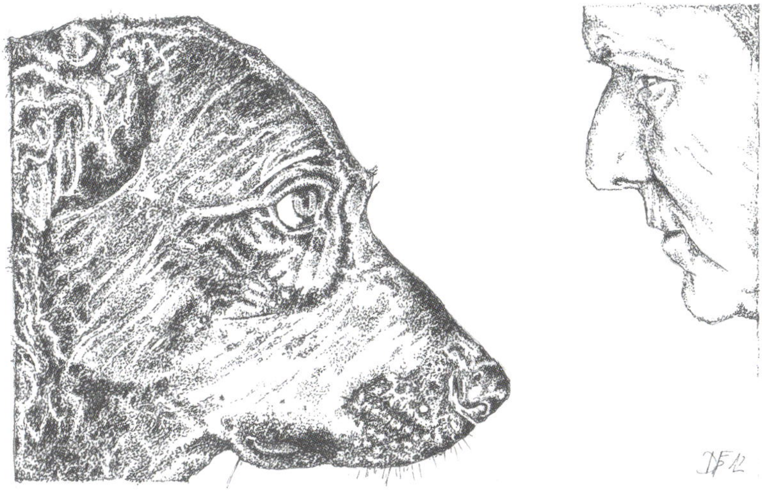

mehr auf kontextuelle Reize (Betonung durch den Sprecher) reagiert, ganz wie beim Menschen (Ratcliffe, 2014).

Wichtige Analogien des Hundes betreffen also sein Ausdrucksverhalten und seine Kommunikation. Hunde können sich auf den Menschen konzentrieren und sehen ihm in die Augen (was Wölfe vermeiden). Sie können sich sehr gut in den Menschen hineinversetzen und dessen Theory of Mind (ToM) einnehmen.

Begriffserklärung:
Theory of Mind
Theory of Mind (ToM) bezeichnet die Fähigkeit, Emotionen und Absichten bei anderen zu erkennen und zu verstehen.

Sie leisten unseren Hinweisgesten Folge und können uns mimisch und gestisch exzellent dekodieren, also entschlüsseln, unser Ausdrucksverhalten sehr gut verstehen. Und sie können ihr akustisches Ausdrucksverhalten auf den Menschen einstellen. Wichtige Analogien betreffen also die Kommunikation mit dem Menschen.

Hunde verfügen über sehr gute Fähigkeiten, menschliches Ausdrucksverhalten zu verstehen und können sich sehr gut auf uns einstellen. Sie sind sehr feine Beobachter, die dabei angeborene Möglichkeiten des Dekodierens nutzen.

Haben Hunde ein Wortverständnis?

Es waren also ganz vorwiegend soziale Gründe, dass aus Wölfen Hunde wurden, und dieses in sehr großer Variabilität. Hunde und Menschen weisen etliche Analogien (Anpassungsähnlichkeiten) im Sozialverhalten auf: ihre Plastizität im Sozialverhalten, ihr Vermögen kooperativ vorzugehen, um Probleme zu lösen oder Aufgaben in der Gruppe zu übernehmen, sind hier vorrangig zu nennen.

Wir müssen also von einer ähnlichen Soziogenese bei Caniden und Menschen ausgehen.

Hunde bedienen sich nicht unserer Wortsprache und werden es nie tun. Sie kommunizieren optisch, akustisch, taktil und chemisch – sprechen indes können sie nicht und sie haben auch kein Wortverständnis. Menschen aber reden mit ihren Hunden und diese hören ihnen zu. So lernen Hunde bestimmte Wörter mit bestimmten Situationen, Emotionen und Absichten kennen und können Wörter oder Sätze dann problemlos damit in Verbindung bringen.

Und die Hypothese, dass Menschen Hunde, die »Laut gaben«, also bellfreudig waren, bevorzugten, weil sie ihnen schlicht lagen, überzeugt doch.

Bellen ist eine Kurzdistanz-Lautäußerung, die sich auch und gerade an den Menschen richtet. Es ist eine Lautäußerung mit domestikationsbedingter Übersteigerung wie Differenzierung – ein Ausdrucksmittel, das bestimmte Motivationen, Emotionen und Absichten kommuniziert. Bellen ist zudem individualtypisch (Molnár et al. 2009), so vergleichbar dem Heulen der Wölfe. Bellen ist von sehr unterschiedlichem Klangspektrum – aber immer als Bellen nachweisbar.

Bellen ist appellativ, hat also einen ausgeprägten Aufforderungscharakter – passend für ein Haustier, das ständig angesprochen wird und dessen lautliche Reaktion gefällt (einmal mehr, einmal weniger ....).

Wie klangspektrographische Untersuchungen verschiedener Hunderassen im Zoologischen Insitut der Universität Kiel zeigten, gibt es tonale, intermediäre und atonale Beller. Bereits diese einfache Aufgliederung des Hundebellens zeigt seine Differenz dem Wolf gegenüber, der nur geräuschhaft im aggressiven Kontext bellt. Diese akustische Differenzierung des Hundebellens hat eine funktionelle Bedeutung für die Kommunikation mit dem Menschen. Pongrácz et al. (2010) haben den jeweils spezifischen Kontext des Bellens durch fünf- bis achtjährige Kinder erfolgreich zuordnen lassen. In ähnlicher Weise wurden am Zoologischen Insitut in Kiel das optische Ausdrucksverhalten von Hunden durch Kinder (vier- bis sechsjährig) intuitiv zugeordnet und gleichfalls sehr zutreffend interpretiert (Bethke, 2011).

Hunde bellen sehr differenziert und setzen dies zur Kommunikation mit dem Menschen gezielt ein.

Wir also sprechen – Hunde haben keine Sprache. Sie haben vielfältige Lautäußerungen. Und ihre eigene Form akustischer Kommunikation bietet ihnen gute Verständigungsmöglichkeiten mit dem Menschen. Das Bell-System ist bei vielen Haushunden geradezu übersteigert (hypertrophiert). Bellen kann andere Laute des Wolfes ersetzen (Heulen, Fiepen, Winseln z.B.) in jeweils unterschiedlicher Form. Bellen passt zum Hund, der immer wieder angesprochen wird. Denn auch Bellen »spricht an«. Es ist apellativ. Es gibt Hunde, die ausgesprochen »talkative« (gesprächig) sind und etwa heterogene Lautfolgen aneinanderreihen. Dabei können Worte des Menschen klanglich »nachempfunden« werden. Hunde also haben kein Wortverständnis und keine Sprache. Sie verfügen über zahlreiche Lautäußerungen, haben somit eine analoge (versus unsere digitale!) Kommunikation.

Hunde achten sehr auf die nonverbale Kommunikation des Menschen, also die Körpersprache.

Was ist Kommunikation?

Für Kommunikation gibt es keine allgemein anerkannte Definition. Zu sehr ist diese Begrifflichkeit umgangssprachlich geprägt und in ihrer Bedeutung variiert worden.

Biologisch betrachtet ist Kommunikation Sozialverhalten, das Menschen wie Hunden oder anderen Säugetieren Leben bzw. Überleben ermöglicht. Kommunikation ist somit gekennzeichnet durch die organismische Interaktion mit der gesamten Umwelt auf der Grundlage eines Informationswechsels, abzuleiten vom lateinischen Communicatio (= Mitteilen, Verständigung).

Kommunikation steht also für wechselseitiges Übermitteln von Informationen oder von Signalen, die einen festen Bedeutungsinhalt haben. Es ist ein Prozess, bei dem der Sender das Verhalten des Empfängers durch das Aussenden von Signalen beeinflusst (Immelmann, 1982; Mc Farland, 1999; Abrantes, 2001).

Soziale Interaktion ist jede Verhaltensweise eines Tieres, die mit einer Wahrscheinlichkeit, die als nicht zufällig abgesichert werden kann, eine beobachtbare Verhaltensänderung des Adressaten bewirkt. Soziale Interaktion geht fließend in Kommunikation über, bei der Signale zu identifizieren sind (Feddersen-Petersen, 2004).

Kommunikation also ist der Austausch von Signalen und bildet die Grundlage für die Etablierung von sozialen Beziehungen, ist Grundlage für den allgemeinen Informationsaustausch.

Im sozialen Kontext kann man nicht nicht kommunizieren (Axiom von Watzlawick, 1996), jedes individuelle Sozialverhalten / Verhalten ist informativ. Hinzu kommen spezifisch modifizierte informationsübertragende Handlungen (Signalhandlungen). Diese Signalhandlungen sind für die Kommunikation spezialisiert: sie sind deutlich, einfach, werden oft wiederholt, haben einen ausgeprägt ritualisierten Charakter (Drohgebärden, submissive, also unterwürfige Signale und Spielsignale z.B.).

Über Kommunikationsauftritte werden Informationen übermittelt, damit Einschätzungen oder Daten zu einem bestimmten Zweck mitgeteilt. Ferner werden Unsicherheiten reduziert, weil Unbekanntes vermittelt wird. Die Informationen bestehen aus Sequenzen von Ausdruckselementen (Mimik, Gestik, Lokomotion) oder Symbolen (Buchstabenfolgen bilden Wörte, Zahlen u.s.w.).

Die kleinsten Elemente des Ausdrucksverhaltens sind Signale, die in unterschiedlicher Kombination zu Sequenzen die Informationsinhalte abbilden.

Allgemeines Schema des Kommunikationsprozesses

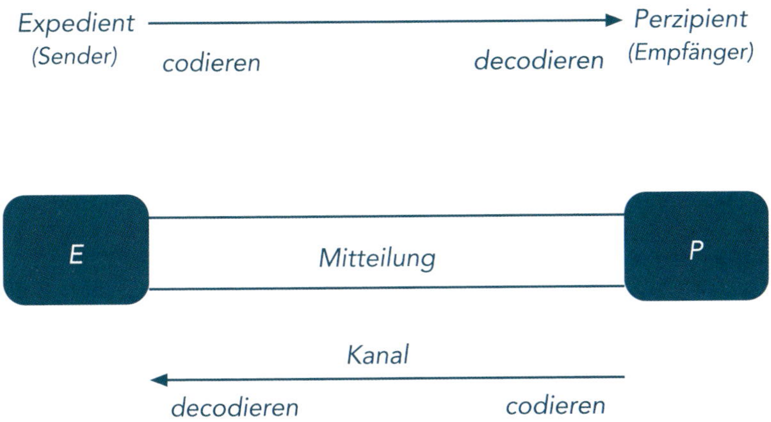

Die Axiome von Watzlawick et al. (1996):

1. In einer sozialen Situation kann man nicht nicht kommunizieren.
2. Daraus folgert, dass alles, was wir tun, systemische Bedeutung hat, also einen sozialen Aussagewert besitzt. Wer einen Hund ignorieren will und beleidigt an ihm vorübergeht, kommuniziert diese negative Gestimmtheit, mitnichten ein Nicht-Beachten. Fazit: wenn man sich wahrnehmen kann, kommuniziert man miteinander!
3. Jede Kommunikation hat einen Inhalts- und einen Beziehungsaspekt.
4. Über den Inhaltsaspekt hinaus wird die Beziehung zum Empfänger kommuniziert und wie dieser den Inhalt verstehen soll. Einen vermeintlich emotionslosen Verweis, zornig dem Hund gegenüber kommuniziert, wird dieser »enttarnen«.
5. Kommunikation ist kreisförmig.
6. Niemand kann sagen, wann eine Auseinandersetzung wirklich begann: die Interaktion von Hunden ist abhängig von dem, was geschah und wird beeinflussen, was folgt. Es gibt einen »Fluss der Kommunikation«.
7. Menschliche Kommunikation bedient sich digitaler und analoger Modalitäten Es gibt nicht nur das gesprochene Wort, das Nonverbale »spricht mit«, modifiziert den Inhalt des Gesprochenen bzw. verkehrt ihn sogar ins Gegenteil.
8. Kommunikationsabläufe können symmetrisch und / oder komplementär sein. Zwischen Hund und Mensch sollten sie komplementär sein, da Menschen verantwortlich für Hunde sind, die keine gleichberechtigten Partner sein können. Viele Missverständnisse in unserer Zeit beruhen darauf, dass Hunde wie menschliche Partner gesehen werden.
9. Im Zuge der Evolution von Menschen, primär sozialen Lebewesen, für die gleichfalls ein Zusammenhang zwischen komplexem Sozial- und Kommunikationsverhalten gilt, entwickelte sich die Sprache zusätzlich zu anderen Kommunikationssystemen. Sie ist somit nicht zwingend als Indiz einer »Höherentwicklung« zu verstehen, sondern vielmehr als neuer Kommunikationskanal aufzufassen, dessen Unterschiede anderen Spezies gegenüber interessieren.

Kommunikationsformen

Digitale und analoge Kommunikation

Digitale oder verbale Kommunikation meint die Übermittlung von Inhalten (Fakten) und kommt als Vokalsprache (Symbolsprache) allein beim Menschen vor.

Nach Watzlawick et al. (1996) kennzeichnet den Menschen eine digitale oder verbale Kommunikation, welche die Wortsprache (Schrift, Symbole) des Menschen bezeichnet, über die Informationen über Dinge mitgeteilt und Wissen weitergegeben wird, eine Kommunikationsform, die mithin höchst komplexe Inhalte übermittel kann (z. B. über Vergangenes wie Zukünftiges reden). Sie ist zwar kennzeichnend für die Kommunikation des Menschen, wird aber auch bei ihm stets von der analogen oder nonverbalen Kommunikation begleitet.

Analoge Kommunikation transportiert den Inhalt, zusätzlich zur Sprache, mit Hilfe von Mimik, Gestik, Körperhaltung und Stimmmodulation und sie drückt Bezogenheit aus, vermag Beziehungsaspekte zu übermitteln. Sie ist ein »Vehikel«, über das wir uns und unsere Empfindungen bzw. Zustände ausdrücken.

Das gesprochene Wort erfährt durch *paraverbale Kommunikation* (stimmlich, Intonation (Betonung), Lautstärke, Tonhöhe, Stimmfrequenz Sprechgeschwindigkeit und Stimmmodulation (klanghaft / geräuschhaft) durch Übermittlung von Gefühlen / Stimmungen eine immense Bedeutungserweiterung und wird nicht selten ins Gegenteil des Verbalisierten verkehrt oder ironisiert. Gestik, Mimik, Gesichtsausdruck, Blick und Berührungen »sprechen« zudem mit. Analoge Kommunikation verläuft in der gleichen Weise wie bei unseren Vorfahren und anderen Tieren. Dieses gilt für die Kommunikation unter Menschen wie die zwischen Menschen und Tieren. Wir sind somit die einzigen Säugetiere, die sprechen können.

Digitale Kommunikation spielt in der Beziehung zum Hund eine untergeordnete Rolle. Hunde reagieren zwar (konditioniert) auf das, was wir sagen, doch inwieweit sie wirklich in der Lage sind, unsere Worte zu verstehen, ist nicht zu ermessen.

Die nonverbale Kommunikation übermittelt auch beim Menschen Stimmungen und Gefühle und ist körpersprachlich interpretierbar. Sie beschreibt den direkten Weg zum Hund.

Sie können die Bedeutung bestimmter Worte assoziativ zu bestimmten Geschehnissen wie etwa Aufforderungen oder Ritualen im Umgang mit uns lernen, können unsere Gestimmtheit paraverbal am Klang unserer Stimme decodieren, einzelne Wörter im Redefluss wiedererkennen, haben jedoch kein Sprachverständnis. Hinsichtlich einer Verständigung über analoge Mechanismen jedoch bewegen wir uns auf der sicheren Seite. Welche Möglichkeiten Kommunikation hier bietet, ist allumfassend und beinhaltet den Weg zur tiefen Verständigung zwischen Mensch und Hund.

Wir sollten zur Kommunikation mit Hunden diesen Weg wählen, es gibt keine alternativen, tiergerechten Möglichkeiten als den Weg direkter Bezogenheit. Dieser ist die einzige Möglichkeit zum innigen Verständnis. Mit Hunden werden wir unserer Authentizität bewusster und erreichen so eine bessere Abstimmung zwischen Gefühlen, Bewusstsein und Kommunikation. Dieser Weg führt nicht allein zum Hund, wir erfahren uns selbst in »vollständiger« Person. Dieses »Zurückfinden zu den tieferen Schichten der Person« (Olbrich 2003) fördert, so die Psychologen, die menschliche Persönlichkeit und ist heilsam, weil mehr Bezogenheit erfahren wird als im Alltagsleben. Und diese Kommunikation läuft über empathisches Empfinden mit dem Tier. Dass auf beiden Seiten »Mensch - Hund« Lernen kommunikativer Prozesse nötig ist, initiiert und geleitet vom Menschen, muss nicht weiter betont werden.

Was ist Verständigung?

Kommunikation ist eine wechselseitig aufeinander abgestimmte Informationsübertragung zwischen zwei oder mehr Interaktionspartnern, sie bezieht sich auf jede Verhaltensweise eines Hundes, die mit einer Wahrscheinlichkeit, die als nicht zufällig abgesichert werden kann, eine beobachtbare Verhaltensmodifikation des Adressaten bewirkt (s. S. 74 f.).

Verständigung resultiert aus der Fähigkeit, das Verhalten eines anderen durch das eigene Verhalten zu beeinflussen. Kommunikation ist somit der inner- oder zwischenartliche Austausch von Nachrichten. Der Sender informiert den Empfänger über etwas, was diesem vorher nicht gegenwärtig war und das Verhalten des Empfängers verändert. Dabei ist zu beachten, dass jeder Informationsakt beeinflusst wird vom dem, was vorher geschah und das verändern wird, was folgt.

Kommunikation als soziales Regulativ

Soziales Verhalten und Kommunikation bedingen einander. Je komplexer die sozialen Strukturen einer Art bzw. deren Haustierform sind, desto subtiler und differenzierter ist die Kommunikation, die Sozialverhalten reguliert. Hunde unterscheiden sich von Wölfen im Habitus, es gibt ausgesprochen variable Rassen und Hundeformen. Genauso wie äußerlich unterscheiden sich Hunde auch im Sozialverhalten vom Wolf und variieren darin untereinander. Zudem wird der Mensch von den meisten Hunderassen und -typen als Sozialpartner bevorzugt. Die großen anatomischen Unterschiede unter den Rassen beeinflussen deren Ausdrucksverhalten (Verhalten mit Mitteilungsfunktion): Wollhaare und Hängeohren machen feine mimische Signale unmöglich.

Bestimmte Verhaltensweisen mit Auslöserfunktion werden in der Jugendentwicklung immer deutlicher und präziser, ganz im Sinne einer Optimierung der Verständigungsprozesse. Diesen Prozess nennt man *Ritualisierung*. Für Hunde und Menschen ist die Verständigung über Rituale ebenfalls sehr wichtig. Natürlich wird der „Pool» der Ausdrucksweisen nicht verändert, vielmehr eingeschliffen auf das schnelle Erkennen und Zuordnen bestimmter individueller Rituale. So verfeinert sich die Verständigung über Artgrenzen hinaus.

Hunde und Menschen weisen viele Analogien (Anpassungsähnlichkeiten) auf, die speziell ihr Sozialverhalten betreffen. Hunde sind bestens geeignet, mit Menschen in einer zwischenartlichen Vergesellschaftung zu leben, ihre genetischen Dispositionen sind entsprechend.

Hunde benötigen jedoch konsequente Rituale und Regeln für dieses Zusammenleben.

Für Hunde, die beim Spaziergang an der Leine ziehen, sollte folgendes Ritual zur Gewohnheit werden: Der Hundehalter bleibt stehen, wenn gezogen wird, geht letztendlich erst dann weiter, wenn der Hund stehen bleibt. Wird wiederum gezogen, wird der Gang unterbrochen. Feinheiten der Abstimmung dieser Kommunikation sind mit einem erfahrenen Hundetrainer zu erlernen. Zurückreißen des Hundes, den Hund anschreien oder ihm wortreich zu erklären, dass nicht richtig ist, was er macht, ist wirkungslos, kontraproduktiv, tierschutzrelevant und zu unterlassen.

Informationskanäle, Signale und Sinnesorgane

Informationskanäle:
- *Akustisch (Hörsinn)*
- *Haptisch (Tastsinn)*
  - *taktil (Oberflächensensibilität)*
  - *kinästhetisch (Tiefensensibilität)*
- *Optisch / visuell (Sehsinn: Gestik, Mimik)*
- *Olfaktorisch (Geruchssinn)*
- *Gustatorisch (Geschmackssinn)*

Die Übertragungskanäle für bestimmte Signale setzen die Leistungsfähigkeit der jeweiligen Sinnesorgane voraus und sind in Abstimmung mit diesen entstanden. Bei Haushunden ist diese Abstimmung durch extreme Erscheinungsformen der Rassen nicht immer optimal.

So ist ein guter Hörsinn Voraussetzung für die akustische Kommunikation, die bei Hunden Laute aus dem Ultraschallbereich (> 20.000 Hz) impliziert, die wir (ca. 16 – 20.000 Hz) nicht wahrnehmen können. Bis ca. 37 Khz wird unter Hunden kommuniziert und Hunde können Frequenzen bis ca. 60.000 Hz hören, was bedeutsam für ihr Beutefangverhalten ist (Ortung von Beutetieren, die im Ultraschallbereich kommunizieren). Laute aus dem Infraschallbereich (< 16 Hz) werden für Wild- und Haushunde nicht beschrieben.

Das Sehvermögen der meisten Hunde ist nach vorne orientiert und deckt einen Sehwinkel von ca. 205 Grad ab.

Duftdrüsen in der unbehaarten Haut bzw. der Schleimhaut des Hundes oder ein eigenes Sinnesorgan für die olfaktorische (geruchliche) Wahrnehmung von Pheromonen (Sexuallockstoffen) gewährleisten die chemische (= olfaktorische, geruchliche oder gustatorische, geschmackliche) Kommunikation. Und die ausgeprägte Innervation (Nervenversorgung) der Körperoberfläche eines Hundes nimmt die Berührungsreize bei der haptischen Kommunikation auf. Haptische Kommunikation verläuft über den Tastsinn, ist taktil im Bereich der Oberflächensensibilität und kinästhetisch als Tiefensensibilität.

Kommuniziert wird stets gleichzeitig über Signale oder Signalfolgen, die mehreren (oder allen) Übertragungskanälen zuzuordnen sind. So wird bei ängstlich-unterwürfigem Verhalten oft gewinselt, der Blickkontakt vermieden, und der Hund macht sich klein (»low posture«), zieht den Schwanz ein und legt die Ohren an. Möglicherweise kommt ein Harnen bei geduckter Haltung oder in Rückenlage hinzu.

Einzelne Signale vermögen die hundliche Kommunikation nicht einmal ansatzweise stimmig zu erklären, alleine der Gesamtausdruck ist hier stets entscheidend. So kann ein Schwanzwedeln bei entspanntem, freudig-freundlichem Auftreten für freundliche soziale Kontaktaufnahme stehen, während es bei einem Hund, der mit kontrahierter Muskulatur und hoch aufgerichtet stolzierend die Distanz zu seinem Gegenüber unterschreitet, zu einem Drohauftritt gehört. Zudem wedeln Hunde bei Erregung überwiegend »peitschend« mit der Rute. Sie wedeln auch reaktiv auf Stressoren, können dabei wiederum defensiv-aggressiv gestimmt sein (s. o.). Was zählt, ist also stets der Gesamtausdruck, ein Signal allein besagt nichts (s. u.).

Einzelne Signale sind zur Deutung der hundlichen Kommunikation nicht hilfreich, es muss immer der Gesamtausdruck betrachtet werden.

Grundlegendes zum Ausdrucksverhalten von Hunden

Unter dem Ausdrucksverhalten versteht man die Gesamtheit der Verhaltensweisen mit Mitteilungsfunktion, die in einem Zusammenhang mit der innerartlichen und auch zwischenartlichen Kommunikation stehen.

Elemente des Ausdrucksverhaltens sind die Körper- und Beinhaltung, die Körperspannung, die Art und Weise der Körperbewegung, der Lokomotion (Formen der Fortbewegung: gehen, laufen, hüpfen etc.), die Schwanzhaltung und Schwanzbewegungen, aufgestellte (angelegte) Rückenhaare, die Kopfhaltung, die Ohrenhaltungen und -stellungen (Ohrbewegung, Ohrwurzelbewegung, Richtung der Ohröffnung) und die Mimik (Mundwinkelbewegung, Nasenrückenrunzeln, Stirnrunzeln, Maul geöffnet, Lippenbewegung (Zähneblecken).

Die Ausdrucksmöglichkeiten unter den Rassen variieren sehr. Um das Ausdrucksverhalten möglichst genau »lesen« zu können, sollten Verhaltenskataloge / Verhaltensinventare von Wölfen / Hunden bekannt sein (Ethogramm).

> *Unter einem Ethogramm versteht man eine möglichst genaue Auflistung und Beschreibung aller bei Hunden in verschiedenem sozialem Kontext beobachtbaren Verhaltensweisen.*

Kommunikation hat unter Wölfen und Haushunden eine ausgeprägte Appellfunktion, indem die Aufforderung des Senders an den Empfänger, bestimmte Verhaltensweisen zu zeigen oder zu unterlassen, zu ihren wichtigsten Inhalten zählt. Beispiele dafür sind Spielaufforderungen, Gruppenaggression, Alarm- und Warnrufe, Heulen und Bellen als »Zusammenrufen«. Auch bei Wölfen (*Canis lupus L.*) und Haushunden (*Canis lupus familiaris L*) sind viele der auditiven, visuellen, taktilen und olfaktorischen Signale nicht auf einen einzelnen Übertragungskanal beschränkt (s.o.), sondern werden als Bedeutungseinheiten (Displays) gleichzeitig auf mehreren Kanälen übertragen. Kommunikation ist somit etwas Ganzheitliches, basierend auf der ausgeprägten hundlichen Fähigkeit zur Gestaltwahrnehmung, der Fähigkeit, Reizkombinationen nicht nur an der Gesamtheit ihrer Einzelmerkmale, vielmehr darüber hinaus

Möpse haben bei jeder Gestimmtheit faltenreiche Gesichter, sind zudem brachyzephal (sie haben einen kurzen Gesichtsschädel) und Hängeohren. Mimisch gehen so etliche Ausdruckszonen verloren, »dafür« wird weit mehr vokalisiert, was der Kommunikation mit dem Menschen entgegenkommt.

an bestimmten Beziehungsstrukturen zwischen diesen Einzelmerkmalen zu erkennen (»Übersummitivität« nach Lorenz, 1959).

Kein Hund kann völlig ausdruckslos sein, auch die »neutrale« Mimik von Wölfen und Hunden vermittelt keine »Neutralität«, vielmehr situativ abhängig Ruhe und Entspannung bestimmten Artgenossen oder Sozialpartnern gegenüber.

Menschen, die ganzheitlich mit ihren Hunden kommunizieren, ihre Gesten, Blicke, die Klang- oder Geräuschhaftigkeit der Stimme, deren Modulation wie Lautstärke, und viele andere Einzelelemente ihres Ausdrucksverhaltens einsetzen, können über ihre Authentizität eine kommunikative Klarheit gewinnen, die Hunde quasi regelhaft (im Sinne von »ritualisiert«) für das Leben mit uns benötigen. Unser Ausdrucksverhalten bewirkt bekannterweise weit mehr als unsere Stimme allein. Die

Welsh Terrier können durch das stark bewollte Gesicht das (durchaus vorhandene) Signal kommunikativ kaum »wirksam« werden lassen (Nasenrückenrunzeln etwa). Auch die Mundwinkelbewegung (hier kurz und rund) ist durch das Haarkleid verdeckt.

Fähigkeit von Hunden, sehr differenziert über verschiedene Kanäle ihres Ausdrucksverhaltens ganzheitlich zu kommunizieren, sollte beim gegenseitigen »Kommunikationslernen« unbedingt genutzt werden. Das verbietet nun nicht, dass ab und zu der eine oder andere Bereich stärker betont wird. Der Fluss des Kommunikativen ergibt sich. Das einander Verstehen ist die Voraussetzung für jede gute Beziehung, auch für diejenige zwischen Mensch und Hund (Feddersen-Petersen 2004).

Der Hund sollte in seiner Jugendentwicklung möglichst viele Kontakte zu Hunden unterschiedlicher Rassen und Erscheinungsbilder haben.

Domestikation, selektive Rassezucht und Kommunikation

Die morphologische Variabilität (Vielfäligkeit im äußeren Erscheinungsbild) unter den Hunderassen ist extrem. Viele Besonderheiten im Exterieur wirken signalverarmend, denn z. B. ausgeprägte Hängeohren lassen nur noch Ohrwurzelbewegungen zu, faltenreiche Gesichter nehmen jedem Nasenrückenrunzeln seinen Signalwert oder verhindern ihn ganz, starke Belefzung macht Lippen- und Mundwinkelbewegungen mit Signalcharakter, mehr oder weniger ausgeprägt, unmöglich. Zudem gibt es Rassen, die die Haare nicht mehr sträuben können oder andere mit einer »Dauerbürste«. Dennoch ist zu bezweifeln, dass sich diese Hunde nicht mehr »verstehen« lernen können, sich nicht mehr »als Hunde«, als Angehörige einer Art mit entsprechender Affinität zueinander, empfinden. Jedoch ist wissenschaftlich nachgewiesen, dass Hunde Artgenossen der gleichen Rasse andersrassigen Hunden gegenüber bevorzugen.

Haushunde beeindrucken also durch ihre hohe Variabilität in Morphologie und Verhalten. Ihre äußeren Merkmale (Schädelform, Körpergröße, Behaarung, Färbung etc.) sind teilweise extrem unterschiedlich (Zwerge und Riesen, Brachyzephalie (Kurzköpfigkeit) und Windhundkopfform). Auch wenn es besondere Affinitäten unter den Angehörigen einer Rasse geben mag, auch wenn Verständigungsprobleme vorkommen können, so besteht doch eine Affinität aller Hunde zueinander – und Hunde bleiben als Hunde Angehörige einer Unterart (bzw. einer Art, es gibt unterschiedliche Auffassungen zu ihrer systematischen Einordnung).

Ganz wesentlich ist die Sozialisation eines Welpen an andere Hunde (nicht nur der eigenen Rassezugehörigkeit) in dessen Jugendentwicklung. »Welpenspielgruppen« mit kompetenter Leitung und festgesetzten Zielen für Hund und Halter sind in unserer Zeit unverzichtbar geworden, können sie doch entscheidende Weichen für jede Hundeentwicklung stellen.

Ebenso wichtig ist, dass dieser Kontakt auch später bewusst gefördert (so etwa in Junghundgruppen) und den Hunden ausgiebig zugestanden wird, ihre Rituale im Umgang miteinander zu lernen und zu verfeinern.

Grundsätzliches zur optischen, akustischen, olfaktorischen und taktilen Kommunikation der Caniden

In der Ethologie spricht man von »Displays« (Übersetzung: Signale) und meint damit »Verhaltenseinheiten« oder »Signaleinheiten«, Bündel von Signalkomponenten also, die offensichtlich in einem Kommunikationssystem sowohl für den Sender als auch für den Empfänger eine Bedeutungseinheit bilden. Man kann solche Displays als die Grundeinheiten des kommunikativen Verhaltensrepertoires einer Art auffassen und im Sinne der Nachrichtentechnik von einem »Code« sprechen.

Im Folgenden sollen Displays als Gesamtausdrücke oder Ausdruckssequenzen bezeichnet werden, da so verdeutlicht wird, dass es nie einzelne Signale sind, die einen bestimmten Bedeutungsinhalt haben, vielmehr differenziert zusammengesetzte Gesamtausdrücke, in denen Signalen je nach deren Kontext sehr unterschiedliche Bedeutungen zukommen (Feddersen 1978; Feddersen-Petersen 1992, 2004, 2008). Ein Gesamtausdruck umfasst also alle Signale in ihren unterschiedlichen Graduierungen, die wiederum einen Bedeutungsunterschied bewirken können.

So kann ein Schwanzwedeln nicht als Ausdruck freudiger Ausgelassenheit bezeichnet werden, vielmehr, je nach dem Gesamtausdruck bei sozialer Unsicherheit, allgemein bei Aufregung, so auch bei aggressivem Auftreten vorkommen und auch ängstliche Hunde kennzeichnen (s. o.).

Stets gilt: »Die Haltung und die Bewegung eines einzelnen Körperteils ist für die Bewertung der sozialen Situation und die Stimmung, in der sich das Tier befindet, meist unerheblich. Nur in der Kombination aller einzelnen Ausdruckselemente lassen sich Schlüsse ziehen auf die Stimmung oder das Beziehungsgefüge der verschiedenen Tiere in der jeweiligen Situation.« (mod. nach Zimen, 1971)

> ***Display*** *= Verhaltenseinheit oder Signaleinheit, die in der Kommunikation für Sender und Empfänger eine Bedeutungseinheit bildet.*

Kommunikationssysteme der sozialen Arten sind flexibel, sehr graduiert und bei Wölfen und Hunden außerordentlich komplex. Zudem sind sie durch Lerneindrücke ausgeprägt überformbar und zunehmend situationsabhängig.

Beispielhafte kommunikative optische Signalformen und Ausdruckssequenzen bei Haushunden

Das Ethogramm ist »die Grundlage jeder wissenschaftlichen Erforschung des Verhaltens« (Immelmann 1975). Das Ethogramm bietet ein gemeinsames »Vokabular« für die unterschiedlichen Beobachter. Die exakte Definition und scharfe Abgrenzung aller Verhaltensweisen einer Art ist also eine Voraussetzung für die Vergleichbarkeit von Daten, die von mehreren Beobachtern gewonnen wurden. Vergleiche zwischen Rassen oder sogar Arten sind möglich.

Die Klärung stammesgeschichtlicher Fragen

Zur besseren Übersicht wird ein Ethogramm in verschiedene Funktionskreise unterteilt, in denen Verhaltensweisen ähnlicher Funktion zusammengefasst werden. Bei dieser Einteilung nach Funktion kommt es jedoch zu Schwierigkeiten. Manche Bewegungsabläufe können mehrere Funktionen haben (z. B. Lecken der eigenen Schnauze kann zu einem submissiven (unterwürfigen) Ausdruck gehören oder zum Funktionskreis »stoffwechselbedingtes Verhalten«). Entscheidend ist dann die Körpersprache.
Beispiele aus folgenden Verhaltenskategorien/Funktionskreisen:
Sozialverhalten (auf Artgenossen bezogene Verhaltensweisen) Stoffwechselbedingtes Verhalten (Jagdverhalten u. a.)

Übergeordnete Definitionen:
- Sozio-positives Verhalten: umfasst Verhaltensweisen, die abstandsverringernd sind (z.B. Verhaltensweisen des Sozialspiels)
- Sozio-negatives Verhalten: umfasst Verhaltensweisen, die letztendlich zu einer Abstandsvergrößerung führen (z. B. aggressive Verhaltensweisen).

1. Soziale Annäherung u. a.
   Verhaltensweisen bei entspannter und freundlicher Stimmung z. B. Kontaktaufnahme
2. Beschwichtigungsverhalten/Submissionsverhalten
3. Dominanzverhalten
4. Imponierverhalten
5. Agonistik (offensive und defensive Aggression und Flucht)
6. Spielverhalten (Schwerpunkt: Sozialspiel)

Nach Konrad Lorenz (1951) sollte man nur dann von »Ausdruck« sprechen, wenn ein Verhalten im Dienste der Koordination sozialen Lebens differenziert wurde. Allgemein benennt man heute (s. o.) damit alle Verhaltensweisen, die der Kommunikation dienen, aber auch Stimmungen ausdrücken können. Es gibt ja eine Vielzahl wichtiger Informationen über die verschiedensten Verhaltensweisen und Gesamtausdrücke, die zum Zwecke der Kommunikation nicht verändert wurden, dennoch wichtige Eindrucksinformationen hinterlassen. Sehen wir etwa Hunde, die sich strecken, dabei hin und her bewegen, gähnen, somit Komfortverhaltensweisen zeigen, die sie nur dann ausführen, wenn sie sich sicher, wohl und ungestört fühlen, so trägt dieses Verhalten natürlich sehr wohl zum Verständnis ihrer Situation bei. Zudem wird eine entspannte Stimmung auf Gruppenmitglieder übertragen, sie wirkt ansteckend, ist damit verhaltensangleichend, so ist es müßig, darüber zu diskutieren, ob dieses ein Ausdrucksverhalten ist.

Kontaktaufnahme

Soziale Annäherung: In entspannter Körperhaltung wird kontinuierlich die Distanz zum Interaktionspartner verringert, um im Nahbereich eine soziale Interaktion zu initiieren. Annäherung kann in Spiel oder »Grooming« (soziale Fellpflege) übergehen und ist zunächst einmal ein Ausdruck der sozialen Appetenz, des Geselligkeitsbedürfnisses, somit eine individuelle Motivation zur Errichtung bzw. Aufrechterhaltung sozialer Bindungen. Augenausdrücke spiegeln in besonderer Weise Gefühle wider: Weit geöffnete Augen bei ausgelassener Begrüßung, inniger Blickkontakt während des Kontaktliegens, Spielblick als Kriterium des

»Freien Spiels« nach Donaldson (2004) und einander Ansehen als Aufforderung zum Kontaktliegen zum Beispiel.

Zur Kontaktaufnahme mit dem Menschen springen viele Hunde an diesem hoch. Dieses Verhalten wird auch gezeigt, um fremde Menschen (z. B. Besucher) zu begrüßen. Die Intention (Absicht) ist häufig im Lecken des menschlichen Gesichts zu sehen. Da Hochspringen belästigen und gefährden kann (durch Hinfallen des Menschen z. B.) und auch schlicht nicht von jedem Menschen gewollt wird, sollte die Begrüßung verändert werden (ritualisiertes Anstupsen im Handbereich oder Lecken der Hände des Menschen).

Beschwichtigungsverhalten u. a. Formen der Submission (Ausdrucksformen und Funktionen)

- *Körperhaltung: geduckt, hockend, auf den Rücken gerollt Schwanz: eingezogen*
- *Kopf: angezogen*
- *Ohren: abgespreizt (zur Seite), eng angelegt Blick: abgewandt*
- *Gesicht: starr*
- *Mundwinkel: lang nach hinten gezogen*
- *Anders als beim ängstlichen/unsicheren Ausdruck wirkt die gesamte Körperhaltung oft recht entspannt.*

Demutsverhalten der Wild- und Haushunde wird motivationsabhängig als das »Streben des Unterlegenen nach freundlicher, harmonischer sozialer Integration« beschrieben (Schenkel 1967). Schenkel, dessen Arbeiten zur Submission nach wie vor von grundlegender Bedeutung sind, unterscheidet die Submission in die initiativ ausgeführte »Aktive Demut« (Beschwichtigungsverhalten) und reaktive »Passive Demut« und führt beide Verhaltenskategorien auf bestimmte Muster des Welpenverhaltens zurück (Mundwinkelstupsen und -lecken der Welpen bei der Mutterhündin, das zum Hervorwürgen angedauter Nahrung führt, wird später mehr oder weniger ausgeprägt zur submissiven Begrüßung von Artgenossen bzw. des Menschen oder von anderen Bindungspartnern gezeigt. Die Rückenlage, in der Welpen reaktiv auf Bauch- und Anogenitalmassage durch die mütterliche Zunge verharren, zeigen Hunde später reaktiv auf Bedrohung durch sozial fordernde Artgenossen bzw. sozio-negatives Verhalten des Menschen als Abrollen auf den Rücken, mit oder ohne Harnabsatz).

Einnehmen der Rückenlage zeigen ängstliche Hunde nicht selten bei der Begrüßung durch Menschen allgemein.

Die Pubertätsphase, umgangssprachlich als Zeit der Neuorientierung bezeichnet, ist durch *soziale Exploration* gekennzeichnet: Die Hunde testen aus, wie weit sie im Umgang mit Artgenossen und Menschen gehen können. Ihre Entwicklung bewegt sich in dem vom Menschen gewünschten Rahmen, sofern der Mensch diesen Rahmen nur konsequent vorgibt und dem Hund über passende Kommunikation mitzuteilen versteht. Reaktiv können Hunde submissives Verhalten andeuten (kurze Blickvermeidung) oder Sich-Ducken oder Einnahme der Seitenlage zeigen. Wichtig ist, dass nach Verhaltensabbruch (etwa durch geräuschhaftes lautes Ansprechen des Hundes) dieser wieder in die normale Entspanntheit des Zusammenlebens mit seinen Menschen »zurückgeholt« wird.

Submissive Ausdrucksformen stehen für die Akzeptanz des größeren Handlungsspielraums eines Gruppenmitglieds (des Menschen!). Sie erfolgen als Reaktion auf die Distanzunterschreitung oder auf Dominanzverhalten bzw. dominanzanzeigendes Verhalten eines Gruppenmitglieds mit großem Handlungsspielraum und wirken aggressionshemmend bzw. verhindern Eskalationen beim Streiten der Wölfe und Haushunde.

Man unterscheidet spontanes bzw. aktives Demutsverhalten (z. B. Aktive Unterwerfung) und reaktives oder passives Demutsverhalten (z. B. Passive Unterwerfung).

Aktive Demut: leicht unterwürfige Begrüßung eines Rüden durch eine Hündin (Mundwinkelstupsen und -lecken).

»Aktive Unterwerfung/Demut« (mod. Schenkel, 1967)

Es ist ein allgemeiner Ausdruck der (leicht unterwürfigen) Begrüßung des vertrauten Menschen oder Artgenossen.

Beschreibung: Der Kopf wird bei mehr oder weniger geduckter Körperhaltung gegen den aufrechtstehenden Partner angehoben, wobei die Schnauze auf dessen Lippenpartie gerichtet ist. Häufig wird der Kopf dabei leicht um die eigene Achse verdreht gehalten. Die Ohren sind mehr oder weniger vom Kopf abgespreizt, sog. »dachziegelförmig« mit abwärts gerichteter Öffnung, oder sie liegen ihm eng an. Durch Spannung der Stirnhaut werden die lateralen Augenwinkel seitwärts gezogen und die Augen schmal und schlitzförmig. Ihr Blick ist auf den Partner gerichtet. Die Lippen, welche die Zähne bedecken, sind zum »submissive grin« (Unterwürfigkeitsgrinsen) zurückgezogen.

Typisch ist das Aufwärtsstupsen mit der Schnauze gegen die Mundwinkel des Partners und das Lecken dessen Lippen. Ebenso wird die

Unterwürfigkeitsgrinsen (»submissive grin«) wird von Goldschakalen (wie abgebildet) ebenso wie bei Wölfen und Haushunden ausgeführt.

Hand des vertrauten Menschen mit der Schnauze berührt und/oder kurz geleckt. Auch gerichtete Leckintentionen (»Licking intentions«) oder Lecken der eigenen Schnauze mit Blick auf den weiter entfernt stehenden Partner gehören dazu. Typisch ist Wedeln des mehr oder weniger eingezogenen/gesenkten Schwanzes.

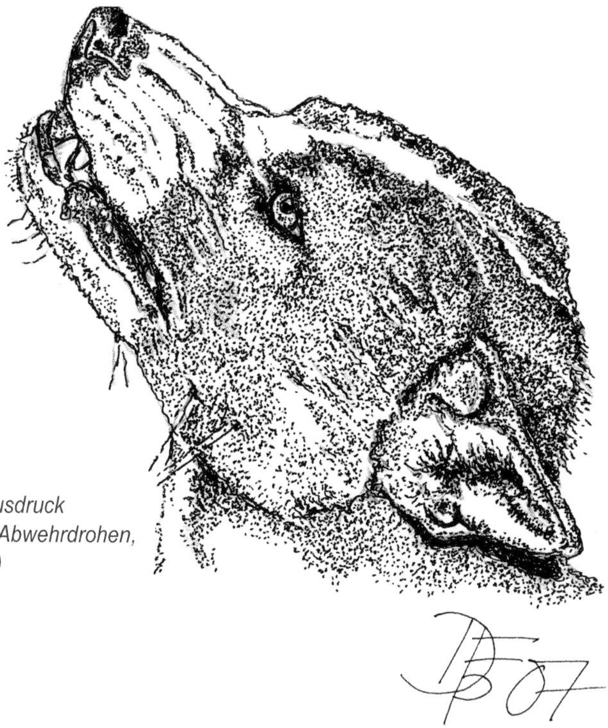

Mischmotivierter Ausdruck (aktive Demut und Abwehrdrohen, defensives Drohen)

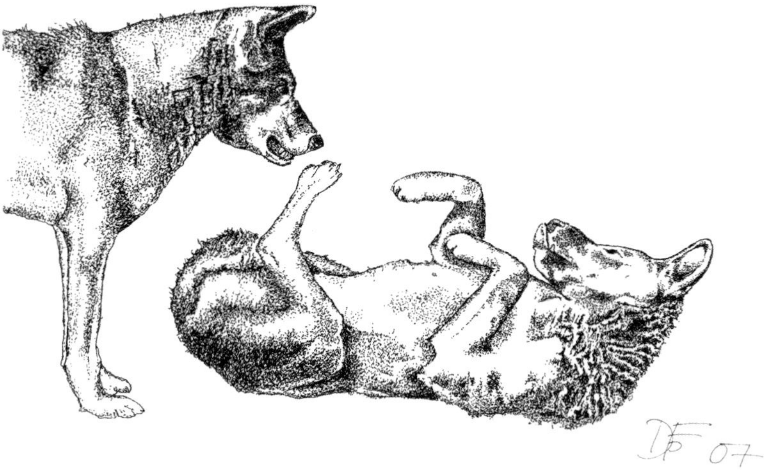

Passive Demut: Reaktiv auf Drohfixieren des Aggressors erfolgt aus der Rückenlage mit zwischen die Hinterbeine eingeklemmtem Schwanz, Blickvermeidung, Lecken der eigenen Lippen (und Schnauzenregion) bei langem Lippenspalt.

Diese Reaktionen werden bei Hunden oft wertend als Ausdruck für deren »schlechtes Gewissen« gesehen, eine vermenschlichte Fehlinterpretation, die dem Hund jedoch kaum schadet, vielmehr die »menschliche Erwartungshaltung« angespannter Stimmung ihm gegenüber bestätigt, was seine submissiven Gesten verstärken und dann auch seine menschlichen Kumpane besänftigen wird.

Aktive Demut kann auch bei relativ aufrechter Körperhaltung als Begrüßung mit weniger deutlichen Zeichen der Submission gezeigt werden, dann, wenn der größere Handlungsspielraum des begrüßten Tieres akzeptiert und die soziale Beziehung zwischen beiden eng ist. Pföteln (ontogenetisch vom »Milchtritt« des Welpen abzuleiten) gehört zur aktiven Demut.

Weiterhin kann »aktive Demut«, wenn aggressiv reagiert wird, in Defensivdrohen (Abwehrdrohen) übergehen. So ergibt sich etwa oben abgebildeter »Mischausdruck« gekennzeichnet durch Zähneblecken bei langem Lippenspalt, Nasenrückenrunzeln, angelegte Ohren und leicht schlitzförmige Augen, die auf den Aggressor gerichtet sind.

»Passive Demut« wird im Unterschied zur aktiven Komponente der Submission selten spontan, vielmehr reaktiv auf Imponieren (ungerichtet) oder Drohverhaltensweisen gezeigt. Hier sind zwei Ausdrucksformen zu unterscheiden: auf den Rücken rollen und Kopfwegdrehen (bzw. Blickvermeidung) oder sitzen/gehen in niedriger Körperhaltung mit oder ohne »Licking intention«.

Auch »passive Unterwerfung« tritt häufig mit Übergängen zum Defensivausdruck auf bzw. sie entwickelt sich aus einer Abwehrdrohung oder kann in eine solche übergehen. Die Intensität des Ausdrucks ist von der Art des Angriffs bzw. des zu erwartenden Angriffs abhängig. Kennzeichnende Signale sind die Kopfbewegung nach unten, die glatte Stirn, die Blickvermeidung und die von der Mittellinie abgespreizten und horizontal gedrehten Ohren, reaktiv auf die Annäherung eines Aggressors, was diesen in der Regel beschwichtigt. Die Motivation zum Defensivdro-

Passive Demut: In-sich-Hineinkriechen in sitzender Haltung, der Kopf ist gesenkt, die Ohren werden zur Seite bewegt (sog. dachziegelförmig, Öffnung nach unten), der Blick wird vermieden, der Lippenspalt ist lang.

hen zeigen Zähneblecken, langer Lippenspalt und Nasenrückenrunzeln. Die weit abstehenden Vibrissen (Schnurrhaare) stehen für Angespanntheit bzw. Erregung.

Bei stärkerer Ausdrucksintensität der »passiven Unterwerfung« werden die Ohren dem Hinterkopf so eng angelegt, dass sich deren Spitzen berühren können; die Stirnhaut ist extrem gespannt, wodurch die obere Kopfpartie glatt und groß erscheint, während die Augen zunehmend schmal werden. Durch fortschreitendes waagerechtes Zurückziehen der Lippen, welche in den Mundwinkeln leicht angehoben werden können, entsteht der Ausdruck eines *»submissive grin«* (Fox 1971). Oft tritt in diesem Kontext Urinieren auf. Der Ausdruck steht durchaus für Angst und Stresssituationen. Das Sich-Kleinmachen und die Versuche, sich durch Flucht zu entziehen, gehören hierher. Auch die beschriebene Mimik und der Körperausdruck stehen für Angstsituationen (Hecheln, Schwanz eingeklemmt, Ohren zurückgelegt). Mehrfaches Gähnen als Übersprungsverhalten ist häufig, drückt die gleichzeitige Aktivierung entgegengesetzter Motivationen aus (z. B. Angriff und Flucht), was resultiert, ist ein Verhalten aus völlig »unpassendem« Funktionskreis, wie etwa das Gähnen.

Passive Demut mit Übergang ins Defensivdrohen.

Lecken der eigenen Schnauze beschwichtigt, gehört zur »passiven Demut«.

Stresssymptome sind zudem allgemeine Unruhe und Hecheln (Anspannung, Aufregung). Während akuter Stress über viele verschiedene nervöse und hormonelle Vorgänge zu einer Anpassungsreaktion des Organismus führt, jedoch zu keiner Belastung, hat chronischer Stress eine schädigende Wirkung auf verschiedene Körperfunktionen und führt schließlich zu psychischen und physischen Erkrankungen. Dieses gilt auch für das Äußere des Hundes, so wird das Haar im Laufe der Zeit struppig und stumpf und es kann zu Haarausfall kommen.

Ausdrucksformen bei Angst und Unsicherheit

- *Körperhaltung: geduckt, hockend, auf den Rücken gerollt*
- *Schwanz: eingezogen*
- *Kopf: gesenkt, angezogen oder nach hinten gestreckt*
- *Ohren: abgespreizt, eng angelegt*
- *Blick: abgewandt, Pupillen weiten sich*
- *Gesicht: angespannt*
- *u. U. Nasenrückenrunzeln, Zähneblecken*
- *Mundwinkel: lang nach hinten gezogen*

Und wie sieht es mit der Kommunikation zwischen Hund und Mensch aus diesem Funktionskreis aus? Nehmen wir das oft strapazierte Beispiel vom Hund, der die Wohnung durch Kot oder Urin verunreinigte und dem zurückkehrenden Menschen gegenüber in geduckter Haltung und mit Blickvermeidung begegnet. Wir können dem Hund schwerlich das »schlechte Gewissen« eines Menschen zuschreiben (s. o.). Vielmehr decodiert der Hund unsere Körpersprache, die ihm unseren Ärger kommuniziert und er reagiert mit Beschwichtigungsverhalten. Er mag auch Furcht vor unserer Reaktion haben, wenn er gelernt hat, was unserer analogen Kommunikation (die Zorn kommuniziert) folgt. So begegnet er uns mit Unterwürfigkeit, Ängstlichkeit und Vorsicht und beschwichtigt. Ein Grübeln indes über das »verbotene Tun« können wir ihm nicht attestieren. Hunde haben keine menschlichen Moralvorstellungen, sie werten ihr Handeln nicht als »gut« und »böse«. Für sie ist gut, was ihnen guttut und schlecht, was ihnen schadet. Allerdings kennen sie die Rituale und Regeln des Lebens mit uns und können Regelverstöße mit dem zu erwartenden Unmut ihres Menschen in Zusammenhang bringen.

Gibt es eine Dominanzhierarchie oder Rangordnung unter Haushunden bzw. unter Hunden und Menschen?

Hunde, die zusammenleben oder sich regelmäßig im Tagesverlauf sehen, etablieren häufig eine über bestimmte Zeiträume akzeptierte Form des sozialen Miteinander, eine soziales Beziehungsgefüge der individuellen Möglichkeiten und Freiräume, das von Gruppe zu Gruppe sehr unterschiedlich aussehen kann. Hunde und Menschen etablieren keine Rangordnung, vielmehr bestimmen Menschen die Handlungsspielräume ihrer Hunde, setzen ihnen also Grenzen und fügen sie nach subjektiven Aspekten, somit variabel und jeweils unterschiedlich, in ihre Familie ein.

Ein großer Handlungsspielraum eines Hundes wird häufig durch seine effiziente Aufmerksamkeitsforderung verdeutlicht. Dabei geht es um das erfolgreiche Initiieren von Spielen, um Futter und Zuwendung seitens des Menschen.

Hunde, die einander treffen, zeigen häufig Rituale des Imponierens und des Dominanzverhaltens und testen ihre sozialen Möglichkeiten in diesem situativen Kontext aus. Eine Rangordnung / soziale Hierarchie resultiert nicht.

In sozialen Gruppen von Wölfen, verwilderten Haushunden oder auch Haushunden, die miteinander leben, etablieren sich (überwiegend) Hierarchien, die sehr variabel sind, je nach den ökologischen Gegebenheiten. Mensch-Hund-Konstellationen sind in keine »Rangordnung« zu »pressen«, diese Terminologie ist schlicht nicht stimmig. Menschen leben höchst individuell mit ihren Hunden (s. o.).

Dominanz bedeutet, dass in einer dyadischen Beziehung (einer Beziehung zwischen zwei Tieren) A regelmäßig die Freiheit von B einschränkt bzw. sich selbst ein hohes Maß an Freiheit zugesteht, ohne dass B effektiv etwas dagegen tut, vielmehr seine Einschränkungen akzeptiert. Er mag protestieren, bleibt damit erfolglos, und bezieht letztendlich eine subdominate Position A gebenüber.

Dominanzverhalten im eigentlichen Sinne setzt die Regelhaftigkeit von Beziehungen voraus bzw. es spiegelt sie wider. Dominanz ist eine Eigenschaft von Beziehungen und nicht von Individuen (nach Van Hooff & Wensing 1987).

Dominanz bezeichnet also eine Regelhaftigkeit in einer Zweierbeziehung. Sie ist dann gegeben, wenn A bestimmte Verhaltensweisen gegenüber B häufiger zeigt als zufällig zu erwarten wäre. Die Regelhaftigkeit bezieht sich also auf ein lineares Verhalten zwischen A und B.

Dabei handelt es sich um Verhaltensweisen, die die Verhaltensmöglichkeiten, insbesondere die Bewegungsfreiheit, von B einschränken. A reagiert dabei auf das Verhalten von B, ohne durch dieses Verhalten eingeschränkt zu werden und B duldet die Einschränkung ohne deutliche oder effektive Gegenwehr. Tatsächlich ist Dominanz wesentlich vom Verhalten Bs abhängig, da seine Reaktion die Effektivität der Verhaltensweisen von A bestimmt. Dominanz ist also die von B akzeptierte Verhaltensfreiheit von A, z.B. die Freiheit, Bs Individualdistanz zu missachten oder ihn zu verprügeln etc.

Als Parameter von Dominanz gelten die Häufigkeiten von Verhaltensereignissen, bei denen A B einschränkt oder A sich frei gegenüber B verhält.

Solche Verhaltensweisen werden als dominantes oder dominanzanzeigendes Verhalten zusammengefasst. Dazu gehören »Weg verstellen«, »In die Ecke drängen«, »Aufreiten« (von hinten oder seitlich (sog. T-Sequenz), »Zwicken«, »Über die Schnauze Beißen«, »Herunterdrücken« u. a. agonistische Auftritte (s. d.).

Das dominante Tier in einer sozialen Gruppe (z. B. Familiengruppe) von Hunden ist häufig gekennzeichnet durch ausgeprägte Ruhe und Gelassenheit, hat es selten nötig, aggressive Verhaltensweisen zu zeigen, beeinflusst das Verhalten der übrigen Tiere, die sich an ihm orientieren, jedoch am nachhaltigsten.

Den größeren Handlungsspielraum in einer Beziehung kommuniziert man nicht über Druck und Zwang (Unsinnigkeiten wie das schwungvolle Verbringen des Hundes in die Rückenlage z. B.), sondern durch Authentizität, durch initiatives Verhalten dem Hund gegenüber, der sich sozial am Menschen orientieren sollte. Aufdringliches und herausforderndes Verhalten des Hundes wird nicht beachtet, bleibt damit erfolglos im Sinne der Kommunikation.
Ob der Mensch oder Hund zuerst Nahrung zu sich nehmen und wann Hund oder Mensch etwa Türen durchschreiten, erscheint in diesem Kontext völlig belanglos.

Ein Beispiel zu Hunden und Menschen: Wenn Hunde (Rüden) das Bein eines Menschen mit den Vorderbeinen umklammern, so ist dieses Verhalten oft kein Auftritt, der zum Spielverhalten gehört, es entbehrt z. B. der spieltypischen Kriterien. Vielmehr handelt es sich um ein statusbezogenes Verhalten (sog. ranganmaßendes oder sozial forderndes Verhalten) oder umadressiertes Sexualverhalten. Vielleicht hat es mit einer Stresssituation, in der sich der Hund unmittelbar bevor befand, zu tun, und der Hund baut über dieses Umklammern Stress ab. Die Zuordnung erfolgt über das jeweilige Ausdrucksverhalten (sozial fordernd wird sich der Hund groß machen, steifbeinig stehen, die Muskulatur kontrahieren und drohfixieren oder mit erhobenem Kopf keinen Blickkontakt suchen).

Aufgeregte Hunde und solche, die Angst haben, sich mit Stressoren auseinandersetzen zu müssen, pflegen zu hecheln. Hecheln dient ansonsten der Wärmeregulation (dem Hund ist heiß oder er hat Durst).

Entspannter Ausdruck (sog. »neutral«)

- *Körperhaltung: aufrecht stehend (locker)*
- *Schwanz: locker herabhängend*
- *Kopf: leicht angehoben*
- *Ohren: aufrecht nach vorne gerichtet*
- *Blick: ruhig*
- *Gesicht: glatt (entspannt)*

Imponierverhalten

Imponieren:

- *Körperhaltung: steif aufgerichtet*
- *Beine: steif, Gelenke: durchgedrückt*
- *Schwanz: steil aufgerichtet, u.U. steif wedelnd*
- *Rückenhaare: evtl. leicht aufgestellt*
- *Kopf: erhoben*
- *Ohren: gespitzt, der Mittellinie des Kopfes genähert*
- *Blick: abgewandt*
- *Gesicht: angespannt, sozial sicher, herausfordernd*
- *Mundspalte: kurz, sog. runder Mundwinkel*
- *Da die Muskeln angespannt sind und die Gelenke durchgedrückt werden, wirkt der Gang steif und »hölzern«.*

Das Imponieren umfasst verschiedene Verhaltensweisen, die ungerichtet soziale Sicherheit und Angriffsbereitschaft zeigen, »eigene Stärke demonstrieren«, ohne dass dabei eine Auseinandersetzung beabsichtigt ist. Imponieren wird zwar zum agonistischen Verhalten gezählt, zumeist dennoch gesondert behandelt, da es im Allgemeinen weder Flucht noch Angriffsverhalten auslöst und ein »ungerichtetes Drohen« ist. Zu Auseinandersetzungen mit Körperkontakt kommt es in aller Regel nicht. Neben der Botschaft an mögliche Rivalen soll Imponierverhalten durchaus (z.B. Hündinnen) »beeindrucken«. Es dient der Selbstdarstellung. So wird auch dann imponiert, wenn nur Rivalen bzw. nur heiße Hündinnen anwesend sind (oder die Bindungspartnerin »beeindruckt« werden kann).

Imponierverhalten von Hunden gilt auch Menschen, zumeist denjenigen der gemischten sozialen Gruppe. Wenn weit und breit kein Artgenosse in Sicht ist, so wird dennoch Imponierscharren u. a. gezeigt. Zuhause sieht man in Fällen ungünstiger sozialer Entwicklung Imponierverhaltensweisen in Bereichen, die allein dem Leben des Hundes vorbehalten sind … und seine Menschen in Randbezirke verweist. Das sollte nicht sein, kann im Grunde niemand wollen, zeigt allein, wie leidensfähig Menschen sein können, die Hunde lieben und sie nicht adäquat sozial integrieren konnten.

Typisch für Imponierverhaltensweisen ist, dass der Körper optisch vergrößert gezeigt wird. So sind alle Gliedmaßen gestreckt, der Körper richtet sich hoch auf, der Hals wird steil nach oben, der Kopf hoch und die Schnauze waagerecht gehalten. Die Ohrwurzel wird nach vorn bewegt und ist nach oben zusammengezogen, wodurch sich das Ohr bei schmaler Öffnung leicht nach vorn neigt. Der Blick ist stets vom Artgenossen abgewandt. Der Gang imponierender Hunde wirkt steif und »hölzern«, da alle Muskeln angespannt und die Gelenke in der Bewegung möglichst wenig gebeugt werden. Der Schwanz wird angehoben, so dass er die Rückenlinie fortsetzt oder diese leicht nach oben »verlängert«. Im Bereich des Nackens, des Rückens und am Schwanz können die Haare leicht aufgestellt sein.

Imponieren beinhaltet eine latente Drohung, die allerdings ungerichtet ist. Imponierverhaltensweisen bieten wiederum gute Beispiele dafür, dass einzelne Signale für sich allein genommen über die Stimmung eines Tieres nichts aussagen. Der abgewandte Blick spricht hier nicht für soziale Unsicherheit, sondern signalisiert im Gesamtausdruck soziale Überlegenheit. Dass Halsdarbieten keine Unterlegenheitsgeste ist, ist lange bekannt, hier gehört es zum Ausdruck sozialer Überlegenheit. Dennoch steht Imponieren für »Stärke zeigen« bei relativ geringem Rangunterschied zum Gegner, die Anspannung und die stark gehemmten Bewegungen sind Symptome für die mit einer Angriffstendenz gekoppelte Angst (Zimen 1991), die in der Regel wiederum verhindert, dass sich aus einer derartigen Situation ein Ernstkampf entwickelt. Es gibt gegenseitiges Imponieren zweier fast gleich sozial sicherer Hunde, das überwiegend allein durch »Stärkezeigen« beendet wird.

Imponierscharren hat mindestens folgende Funktionen: Zum einen das Verteilen von Duftmarken, denn gescharrt wird nach dem Koten und häufiger noch nach dem Harnen, zum anderen die latente Drohung über den optischen Ausdruck: Gescharrt wird mit allen Zeichen sozialer Überlegenheit (erhobener Kopf, kräftige, weitausholende Bewegungen, Haareaufstellen, evtl. Drohbellen). Optische, akustische und olfaktorische Signale gehören zum komplexen Ausdruck. Das Scharren gräbt übrigens Rillen in den Boden und vergrößert die Oberfläche zur weitflächigeren Aufnahme der chemischen Botschaft, deren Trägersubstanzen (z. B. Urin) ihn durchtränken. Imponierscharren zeigt beispielhaft, wie verschiedene Signale simultan eingesetzt werden, um die Wirkung einer Botschaft zu verstärken und zeitlich zu verlängern.

Imponierscharren

Das Tier scharrt mit einer Vorderpfote oder alternierend mit beiden oder es spritz-schaufelt mit allen vier Pfoten lose Erde nach hinten. Dabei sind die Ausdrucksstrukturen auf den Gegner gerichtet, ähnlich wie beim aggressiven Scharren, zusätzlich wird eine Imponierhaltung eingenommen. Imponierscharren ist Ausdruck »sozialer Potenz« und wird besonders von »ranghohen Tieren«, häufig in Verbindung mit Spritzharnen und Koten gezeigt. Dieses Verhalten tritt unabhängig von der Anwesenheit anderer Tiere auf, kann aber auch vor bzw. in der Nähe eines Rivalen gezeigt werden mit dann deutlich auf diesen gerichteten Ausdrucksstrukturen.

Imponiertragen

Mit einem Futterstück, manchmal auch mit einem Ersatzobjekt (Holzstück, Ball) im Maul läuft der Hund steifbeinig in Imponierhaltung mit gehobenem Kopf und mit nach oben gebogenem Schwanz vor seinem Partner, schiebt sich eventuell gegen ihn und dreht immer den Kopf weg, wenn der Partner nach dem Futterstück greift. Imponiertragen gilt der »Selbstdarstellung«.

T-Stellung

Bei der T-Stellung bzw. T-Sequenz stellt sich ein Tier seitlich vor ein anderes, so dass die beiden Körper ein T bilden. Der Imponierende formt dabei den Querbalken und schränkt die Bewegungsfreiheit des Anderen ein.

Kopfauflegen

Kopfauflegen wird sowohl im Kontext der sozialen Annäherung als auch beim Imponieren gezeigt. Dabei wird der Kopf oder das Kinn auf einem Körperteil, meistens den Rücken, des Partners gelegt.

Pfote-auf-den-Rücken-des-Gegners-Legen

Eine Vorderpfote wird auf den Rücken des Gegners gelegt oder gegen diesen gestemmt. Diese Verhaltensweise mit Aufforderungscharakter kommt in vielen Imponiersituationen vor.

Agonistik oder Agonistisches Verhalten

(nach Scott & Fredericson 1951) wird funktionell als übergeordnete Einheit der Verhaltensweisen der Aggression mit jenen der Flucht verstanden, indem ihm all jene Verhaltensweisen zugeordnet werden, die in ihrer Motivation auf Angriff, Drohen und Fliehen bezogen sind. Agonistisches Verhalten stellt keinen eigenen Funktionskreis dar, ist vielmehr

Funktionszielen, wie z. B. Raum- und Partneransprüchen, zugeordnet.

Ziel des agonistischen Verhaltens ist die Distanzvergrößerung, es fordert aber auch Distanzunterschreitungen, etwa wenn ein Tier die Absicht hat, ein anderes anzugreifen. Somit überschneiden sich die zwei Tendenzen Angriff und Flucht.

Aggressives Verhalten repräsentiert also nur einen Teilbereich der Agonistik, die als Sammelbezeichnung gilt und beinhaltet zwei gegensätzliche Anteile, das Angriffs- (oder offensive) Verhalten und das Abwehr- (oder defensive) Verhalten sowie die Flucht.

Aggressionsverhalten

Aggressionen erfüllen etliche Aufgaben im Dienste der Eignung, sind vielursächlich und als Regulativ des Sozialverhaltens unerlässlich.

Aggressives Verhalten kann also im Dienste einer ganzen Reihe von Funktionskreisen stehen, ohne selbst im engeren Sinne ein solcher zu sein. Es unterliegt somit verschiedensten Auslösern und Antriebsmechanismen und ist in sehr unterschiedlicher Weise stammes- und individualgeschichtlich angepasst.

Wenn man von »unerwünschtem Aggressionsverhalten« spricht, so meint man in der Regel ein Verhalten, das sich nach nicht gelungener Einpassung des Hundes in die gemischte Hund-Mensch-Gruppe entwickelt, zurückzuführen auf fehlgelaufene (oder ausgebliebene) Erziehung und das Unvermögen des Menschen, seinen Hund verlässlich im Verhalten zu beeinflussen. Gezielte Ausbildung eines Verhaltensberaters, der systemisch vorgeht, also die sozialen Beziehungen der jeweiligen Mensch-Hunde-Gruppe in seine Beratung einbezieht, wäre angesagt.

Intraspezifische (innerartliche) und interspezifische (zwischenartliche) Aggression wird heute nicht mehr unterschieden, vielmehr das innerartliche Aggressionsverhalten dem zwischenartlichen Beutefangverhalten (Jagdverhalten) gegenübergestellt. Die Steuerung beider Verhaltensbereiche erfolgt über unterschiedliche neuronale Areale. Hunde und Menschen bilden »zwischenartliche soziale Gruppierungen«, aggressive Auftritte zwischen ihnen sind somit als »innerartlich« zu kennzeichnen, um zu verdeutlichen, dass es sich hier um soziale Interaktionen (und kein Beutefangverhalten) handelt.

Aggressionsverhalten			
Offensiv		Defensiv	
Drohen	Anschleichen Blickkontakt Überfalldrohung Haarestäuben Knurren Vorn-Zähneblecken Beißdrohstellung	Drohen	Gebissklappen Wegsehen Abwehrschnappen Haarestäuben Knurren Voll-Zähneblecken Abwehrdrohen
Gehemmt	Über-die-Schnauze-Beißen Gegenstand abnehmen Schieben Aufreiten Anrempeln Runterdrücken	Gehemmt	Abwehr mit gekrümmtem Hals Abwehrkreiseln Abwehr auf dem Rücken
Umstellen	Überfall Vorderbeinbeißen Abwehrstoßen Anspringen Rückenbiss Hochkampf Verfolgen		
Frei	Angriff Beißen Ernstkampf	Frei	Abwehrbeißen

Offensives und defensives Aggressionsverhalten und einige kennzeichnende Verhaltensmuster bei zunehmender Tendenz zur Eskalation der Auseinandersetzung (aus Feddersen-Petersen 2008)

Ausdrucksformen des Aggressionsverhaltens sind:

Offensives Drohverhalten

- *Körperhaltung: hochaufgestreckt, steifbeinig*
- *Schwanz: waagerecht erhoben*
- *Rückenhaare: gesträubt*
- *Kopf: vorgestreckt*
- *Ohren: nach vorne gerichtet*
- *Blick: fixierend*
- *Mimik: Nasenrückenrunzeln*
- *Vornzähneblecken*
- *Mundwinkel: rund*
- *Je unsicherer der Hund wird, desto länger wird sein Lippenspalt.*

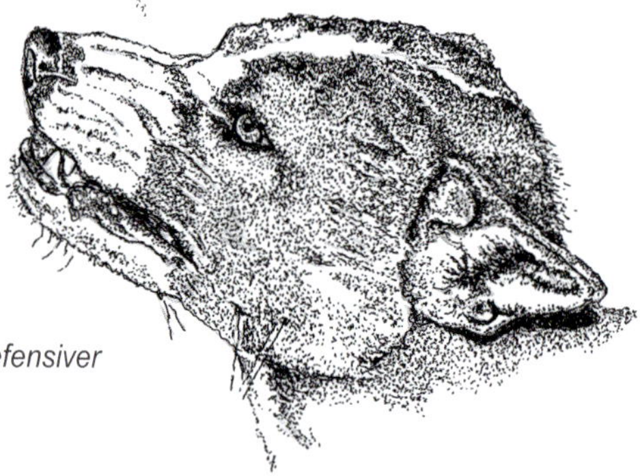

Mimik bei offensiver (oben) und defensiver (unten) Aggression.

Zum offensiven Drohverhalten gehören der Blickkontakt bzw. das Drohfixieren, Haaresträuben, Knurren (geräuschhaft), Vorn-Zähneblecken, Über-dem-Gegner-Stehen, Überfalldrohung und Anschleichen.

Beim Fixieren wird der Kopf ganz still gehalten, die Augen sind zur optischen Orientierung auf die Informationsquelle gerichtet, die Ohren werden zur akustischen Orientierung weit geöffnet nach vorne gerichtet. Das Fixieren eines Sozialpartners in der gegnerischen Auseinandersetzung ist ein »Angriffsblick«. Dabei schaut das Tier mit maximal geöffneten Augen direkt und fixierend dem Gegner in die Augen.

Haaresträuben

Bei starker Aggressivität und/oder Unsicherheit werden die langen Haare der Rückenlinie hochgestellt, vor allem am Hals und in der Schulterregion.

Knurren

Knurren ist ein Drohlaut, eine akustische Unterstützung der optischen Drohung. Bei schwachem Drohen kann auch ohne optische Ausdrucksstrukturen geknurrt werden. Aggressives Knurren ist tief und geräuschhaft.

Vorn-Zähneblecken

Beim Vorn-Zähneblecken wird die Unterlippe nach unten, die Oberlippe nach oben über die Schneide- und Eckzähne gezogen. Dadurch werden die Zähne und bei intensivem Zähneblecken auch das Zahnfleisch sichtbar. Meist ist dabei das Maul leicht geöffnet, der Nasenrücken ist immer gerunzelt, manchmal wird geknurrt. Vorn-Zähneblecken mit kurzem Mundwinkel kommt bei aggressiven selbstsicheren Drohformen vor, mit langen Mundwinkeln bei defensiven Drohformen. In der Regel sehen wir nicht den »reinen« Ausdruck, vielmehr Mischmotivationen. Der »runde, kurze Mundwinkel« ist schwer auszumachen. Wir sehen, dass auch die Haut im Bereich des Fangs nach vorne gezogen wird, wenn sicher gedroht wird. Dann schiebt sich die Haut am Nasenrücken zusammen und runzelt diesen und die Lippen sind kaum auszumachen.

Über-dem-Gegner-Stehen

Das Tier steht parallel, anti-parallel oder quer über seinem liegenden Gegner, bei intensivem Zähneblecken und Knurren. Nur wenn sich der Gegner bewegt, wird er leicht gebissen oder durch Runterdrücken in Schach gehalten. Über-dem-Gegner-Stehen ist oft am Ende einer Beißerei zwischen zwei Tieren mit ungleichem sozialem Status zu beobachten, wenn sich der Unterlegene auf den Rücken abrollt und der Überlegene dieses Drohverhalten zeigt.

Defensives Drohverhalten

Zum defensiven Drohverhalten gehören Abwehrdrohen, Blickvermeidung, Haaresträuben, Knurren (geräuschhaft), Voll-Zähneblecken, Abwehrschnappen, Gebissklappen, Abwehr-Beißen, eventuell strategischer Übergang ins Spielverhalten: Vorderkörper-Tief-Stellung, Hinterteil-Zukehren und spielerische Abwehr. Das Defensivdrohen enthält Elemente der Unterwerfung und der Flucht, Übergänge sind möglich und fließend.

- *Körperhaltung: geduckt*
- *Schwanz: eingezogen*
- *Rückenhaare: meist aufgerichtet*
- *Kopf: angezogen*
- *Ohren: eng angelegt*
- *Blick: abgewandt, unfokussiert (weite Pupillen)*
- *Gesicht: Nasenrückenrunzeln, Vollzähneblecken*
- *Mundwinkel: lang nach hinten gezogen*

Abwehrdrohen

Das Abwehrdrohen kann je nach Intensität und sozialer Situation in seiner Ausdrucksform sehr fein differenziert werden. Die Ausdruckselemente liegen hauptsächlich im Gesicht und in der Lautgebung, während das Tier ansonsten eine eher undifferenzierte defensive Körperhaltung einnimmt. Vor allem die verschiedenen Formen des Zähnebleckens und des Nasenrückenrunzelns sind charakteristische Ausdruckselemente. Bei der intensitätsschwächsten Form des Abwehrdrohens ist nur der Nasenrücken gerunzelt. Mit zunehmender Bedrohung und Abwehrbereitschaft werden die Mundwinkel nach hinten gezogen und die Zähne gebleckt. Stark sozial- und/oder umweltunsichere Tiere zeigen als die intensivste Form von Abwehrdrohen das Maulaufreißen. Die intensitätsschwächeren Formen des reinen Abwehrdrohens sind lautlos. Die intensiveren Formen von Abwehrdrohen werden durch leises Fauchen bis zu einem lautem hochfrequentem Schrei-Fauchen begleitet.

Voll-Zähneblecken

Bei nach hinten gezogenem Mundwinkel und gerunzeltem Nasenrücken werden Ober- und Unterlippe sowohl über die Schneide- und Eckzähne wie auch über die Vorbackenzähne hoch- bzw. heruntergezogen. Damit sind fast alle Zähne und besonders vorn auch das Zahnfleisch sichtbar. Diese Form des Zähnebleckens wird immer von fauchenden und keifenden Lauten begleitet. Sie ist eine Beißdrohung bei großer sozialer Unsicherheit.

Abwehrschnappen

Das angegriffene Tier richtet bei defensiver Körperhaltung und Drohmimik viele schnelle Bisse in die Luft gegen seinen Gegner. Beim Abwehrschnappen besteht zunächst eine deutliche Beißhemmung. Abwehrschnappen wird gezeigt, wenn ein sich wehrendes Tier, das sich nicht entfernen kann, zunehmend aggressiver bedrängt wird (Distanzunterschreitung!).

Gebissklappen

Beim Gebissklappen werden wie beim Abwehrschnappen mehrmals schnelle Beißbewegungen gegen den Gegner gerichtet. Dabei schlagen die Zähne jeweils mit einem lauten Geräusch zusammen. Das Gebissklappen kann ganz nah am Gegner oder in einiger Entfernung zu ihm ausgeführt werden und tritt häufig bei solchen Tieren auf, die oft angegriffen werden.

Abwehr-Beißen

Beim Abwehr-Beißen richtet das Tier in defensiver Haltung während kurzer Vorstöße Bisse gegen den Gegner, besonders gegen den seitlichen und oberen Teil des Nackens und oft auch gegen die Ohren.

Über-die-Schnauze-Beißen

Beim Über-die-Schnauze-Beißen wird die Schnauze des Partners von unten, von der Seite oder von oben quer ins Maul genommen. Alle Intensitätsstufen des Voll-Zähnebleckens können dabei gezeigt werden. Das Beißen ist fast immer von einem Knurr-Fauchen oder von einem Winseln begleitet und findet unter deutlicher Beißhemmung statt. Über-die-Schnauze-Beißen ist unter Wölfen eine sehr häufige und vielseitig einsetzbare Verhaltensweise, die in unterschiedlichsten Kontexten (Dominanzverhalten oder dominanzanzeigendes Verhalten, Kontaktverhalten, Grooming, Schnauzenzärtlichkeit, submissives Verhalten) gezeigt werden kann.

Beißen

Das Beißen gehört neben Drohen und Imponieren natürlich zu den wichtigsten Elementen aller aggressiven Auseinandersetzungen. Doch nur in den äußerst seltenen ernsten innerartlichen Kampfsituationen, beim Angriff und beim Ernstkampf, wird mit voller Kraft gebissen und der Gegner ernsthaft verletzt. In allen anderen Fällen, in denen ein Artgenosse gebissen wird, besteht eine mehr oder weniger stark ausgeprägte Beißhemmung. Die Kraft des Bisses bzw. der Grad der Beißhemmung wird fein graduiert auf die jeweilige Situation abgestimmt, sodass nicht selten nur ein (hochritualisiertes) Schnappen in Richtung des Gegners gezeigt wird.

Auf Angriffsdrohen aus sozial sicherer Position heraus bewegt sich der Hund steifbeinig (durchgedrückte Gelenke). Seine Körperhaltung ist hoch, der Kopf erhoben, die Rute bildet eine Linie mit dem Körper oder sie wird erhoben getragen. Drohfixieren gehört hierher, also starres in die Augen Sehen. Zudem kann tief und geräuschhaft geknurrt werden und Zähneblecken im Bereich der Schneide- und Eckzähne gezeigt werden.

Beißschütteln

Das Tier beißt sich im Fell des Gegners fest und reißt den Kopf kräftig hin und her. Beißschütteln wird in angedeuteter und ungefährlicher Form auch im Spiel imitiert, ansonsten nur beim Beschädigungsbeißen im Ernstkampf gezeigt, wo es zu schweren Verletzungen führen kann.

Angriff

Das angreifende Tier läuft mit leicht gesenktem und weit nach vorn und gerade gehaltenem Kopf mit etwas eingeknickten Beinen auf den Gegner zu und springt ihn an. Dabei steht der Schwanz waagerecht nach hinten, die Rückenhaare sind leicht gesträubt und alle Gesichtsstrukturen sind bei fehlender Drohmimik nach vorne auf das Angriffsziel gerichtet. Der Angriff ist ein Zeichen höchster Aggressivität, dem stets ein Beschädigungsbeißen folgt und ist innerhalb eines Rudels (Wölfe), wie auch unter Haushunden, vergleichsweise selten zu beobachten.

Über-die-Schnauze-Beißen unter Wölfen.

Ernstkampf

Die im Ernstkampf interagierenden Tiere versuchen sich gegenseitig schwere Verletzungen zuzufügen. Die Bisse werden vor allem gegen Kopf, Schnauze und Hals des Gegners gerichtet. Die Tiere beißen sich im Fell des Gegners fest und zeigen intensives Beißschütteln. Ernstkämpfe laufen unter Wölfen stets lautlos ab, unter Hunden wird dabei auch geknurrt und seltener gebellt. Der Verlierer eines Ernstkampfes zeigt kein Demutsverhalten! Die einzigen Möglichkeiten, mit dem Leben davonzukommen, sind für ihn Flucht oder intensive Verteidigung aus einer geschützten Rückzugsmöglichkeit heraus.

Abwehrbeißen

Als freies defensiv-aggressives Verhalten wird das Abwehrbeißen bezeichnet, Bisse, die während kurzer Vorstöße vor allem gegen den Nacken und die Ohren des Gegners gerichtet werden.

Aggressivität

Aggressivität kennzeichnet das Ausmaß der Angriffsbereitschaft eines Individuums, eine spezifische Motivationslage, die von etlichen Faktoren beeinflusst ist und mindestens neun allgemeinen Bedingungen unterliegt (mod. und ergänzt nach Hassenstein 2007):

- *genetische Disposition/Rasse*
- *Umwelteinflüsse (frühe Ontogenese), Sozialisation*
- *Bindung an Artgenossen/Menschen*
- *endogene Faktoren (Läufigkeit, Trächtigkeit, Jungtiere; circadiane Rhythmik (Tagesrhythmus, der die Ereignisse im Tagesverlauf optimiert, so die Hell-Dunkelphasen)*
- *Geschlecht*
- *Alter*
- *soziale Exploration/Erziehung*
- *Störung (z. B. Krankheit)*

➔

- *Territorium*
- *Selbst- und Jungenverteidigung (Hündinnen sind angriffsbereiter, wenn sie Welpen führen). Auch Scheinträchtigkeit führt, hormonell gesteuert, zu erhöhter Aggressivität.*
- *sexuelle Rivalität*
- *Frustration (Behinderung von Durchlaufen einer Handlungskette bis zur Endhandlung)*
- *Gruppenaggression*
- *Angst bei Ausweglosigkeit*

Die Verhaltensmuster können bei verschiedener Verursachung voneinander abweichen.

Beim Versuch, einem Hund das Futter wegzunehmen oder ihn beim Fressen zu stören, kann dieser aggressiv reagieren.

Bereits dem Knurren des Hundes am Fressnapf sollte durch professionelles Verhaltenstraining begegnet werden. Soziale Exploration, Alter, Geschlecht, Sozialisation und Erziehung spielen hier eine Rolle.

Auch die Begegnung zweier Hunde ist oft durch aggressive Initiativen wie Reaktionen gekennzeichnet, zumeist sind es die beschriebenen Rituale, um einander einschätzen und kennenlernen zu können.

Auch Menschen werden durch Blickfixieren bedroht. Drohfixieren ist nicht zu vergleichen mit dem ruhigen Ansehen des entspannten Tieres, das sozialen Kontakt zum Menschen (z. B. als Bindungspartner) aufnimmt. Drohfixieren wird begleitet von weiteren aggressiven Mustern (Angespanntheit, geräuschhaftes Knurren, Zähneblecken z. B.). Wegschauen des Menschen hingegen provoziert nicht.

Das Berühren eines Hundes durch fremde Personen kann dieser aggressiv kontern. Schließlich wird die kritische Distanz unterschritten, was Hunde nur als Affront deuten können! Aggressive Reaktionen treten verstärkt auf, wenn die Personen unsicher sind oder Hunde etwa durch Blickfixierung provozieren. Auf Berühren wird besonders dann defensiv aggressiv reagiert, wenn der berührte Hund Angst hat und nicht ausweichen kann. Ängstliche Hunde reagieren im Allgemeinen schneller aggressiv, sind verteidigungsbereiter und beißen aus Angst schneller zu als sozial sichere Tiere. Ängstliche Hunde, die nicht ausweichen können, beißen nicht selten aus Todesangst.

Aggressives Verhalten (aggressive Kommunikation) muss gelernt werden. Dieses Lernen erfolgt zu einem Großteil im Spiel der Welpen untereinander, mit erwachsenen Hunden und mit Menschen. Auch die Beißhemmung wird gelernt, im Sozialspiel etwa, wo für Welpen, die zu festzubeißen, das Spiel beendet ist, was außerordentlich frustrierend ist, denn Spiel ist lustbetont. Die Beißhemmung gehört zur ritualisierten aggressiven Kommunikation und ist ihr wichtiger Bestandteil, der Eskalationen verhindert. Eine »angeborene Beißhemmung« gibt es bei keiner Hunderasse.

Auch die Fütterung mit rohem, blutigem Fleisch macht sicherlich keinen Hund aggressiv, ist vielmehr in das Reich der Mythen und Märchen zu verweisen.

Bei aggressiven Auftritten angeleinter Hunde empfiehlt es sich, nicht durch eigenes aufgeregtes Verhalten oder Maßregeln des Hundes die Eskalation voranzutreiben, vielmehr ruhig und gelassen zu bleiben und die Situation, wenn angezeigt, durch Weitergehen mit dem eigenen Hund zu beenden und sich mit dem Hund zu beschäftigen. Aggressive Auftritte unter Hunde kommen vor, werden immer vorkommen. Wichtig ist, nicht sofort einzugreifen (Hund am Nackenfell schütteln ist ausgesprochen unsinnig), sondern durch Besonnenheit, Ruhe und situativ angezeigtes Verhalten eine erregte Stimmung zu neutralisieren. Denn Hunde orientieren sich an ihren Menschen, deren aggressive Stimmung auf sie übergeht.

Angeleint reagieren etliche Hunde aggressiver als freilaufend, denn unsichere oder erregte Besitzer übertragen ihre Stimmungen so sehr ausgeprägt auf den Hund, der nur entsprechend, somit auch aggressiver reagieren kann. Zudem können angeleinte Hunde sich ja nicht frei bewegen, auch nicht ausweichen, Distanzen werden immer wieder unterschritten und die Tiere fühlen sich bedroht.

Warum zerstören Hunde Wohnungseinrichtungen, wenn man sie alleine lässt? Hunde sind soziale Lebewesen, somit bestrebt, zu den Sozialpartnern zu gelangen und mit diesen zu leben. Alleingelassen bewältigen sie die reizarme Lebenssituation zunächst durch Exploration der Wohnung oder des Hauses. Alles ist hoch vertraut, riecht gleicht, sieht gleich aus. Dann gehen sie zum Bebeißen und Zernagen der Gegenstände über, denn restriktives Leben allein in der Wohnung ist ausgesprochen langweilig. So kommt es zur Zerstörung der Einrichtungsgegenstände. Hinzu kommt Angst, Trennungsangst vom Bindungspartner, der »gerufen« wird durch Bellen und / oder Heulen. All diese Strategien greifen nicht zur Bewältigung der hochgradig tierschutzrelevanten Situation. Es resultiert die Exploration und Zerstörung der Wohnung – und letztendlich die Entwicklung von Verhaltensstörungen.

Beutefangverhalten (Jagdverhalten):

Das Beutefangverhalten oder der Beuteerwerb setzt sich grundsätzlich aus folgenden vier Handlungsabläufen zusammen:

1. dem Finden der Beute,
2. dem Fangen (oder Fassen),
3. dem Töten,
4. dem Fressen (oder (partiellen) Vergraben/Futtervergraben) der Beute.

Die Struktur der Verhaltensmodalitäten entspricht derjenigen des motivierten Verhaltens.

Orientierendes Appetenzverhalten:

Ein Suchverhalten, das dem Entdecken des Beutetieres dient und der Abstandsverringerung zwischen Prädator (Jäger) und Beute. Dabei konzentrieren sich auch Wölfe (und Hunde) auf spezifische Kennreize und Suchbilder, das Beuteschema.

Das Beuteschema meint die Gesamtheit der Kennreize einer Beuteart, deren Körperform und Bewegungen. Dem Beuteschema liegen neben genetischer Disposition Lernerfahrungen zugrunde. Das genetisch disponierte »Suchbild« besteht nur aus einzelnen spezifischen Merkmalen des zu findenden Tieres, was die Anpassung an das Lernen des Beutespektrums flexibel gestaltet.

Dabei erfolgt eine Orientierung an eigenen Ortserfahrungen und an Merkmalen anderer Artgenossen – Beuteappetenzverhalten ist ansteckend und sehr lustbetont!

Orientiertes Appetenzverhalten:

Darunter versteht man die vollständige aktive oder passive Annäherung an die Beute. Dabei wird ein bestimmtes Beutetier ausgewählt, bei dem im Sinne des Optimalitätsprinzips Aufwand und Nutzen in einem günstigen Verhältnis stehen. Wölfe hetzen ihre Beute nur über relativ kurze Strecken, Jagdhunde verhalten sich ihren Spezialbegabungen entsprechend (Windhunde jagen über längere Strecken (Ermüdungsrennen), verschiedene Jagdhunderassen verhalten sich variabel, Terrier jagen ausdauernd). Große Beutetiere werden von Wölfen kooperativ erjagt und getötet. Dabei wird auf höchster Stufe unter kommunikativem Austausch und bei Kenntnis des gemeinsamen Ziels mit Rollenverteilung kooperiert. Kooperative Jagden gibt es bei zwei oder mehreren Hunden im Bereich der letzten Annäherung gleichfalls.

Die Endhandlung des Beutefangverhaltens besteht im Angriff, Festhalten (oder Inbesitznahme der Beute), Schütteln im Nackenbereich und Bisse. Die Beute wird durch Pfotenstemmen geöffnet, sie kann verzehrt und eventuell verwahrt (vergraben) werden.

Beutefangverhalten hat nichts mit Aggressionsverhalten zu tun (s. o.). Auch Beutefangverhalten (oder Jagdverhalten) ist normales Hundeverhalten. Dennoch muss es durch adäquate Erziehung unterbunden werden, um das Verfolgen und Töten von Wildtieren zu verhindern (sogenanntes Wildern). Am wirkungsvollsten erscheint, Hunde in Wald und Flur angeleint zu führen.

Alle Hunde jagen, mehr oder weniger ausgeprägt, je nach Rassezugehörigkeit und individueller Veranlagung. Das Beutefangverhalten ist ausgeprägt lustbetont, es wird durch hirneigene Amine belohnt. Jagdhunderassen sind Spezialisten für bestimmte Bereiche des Beutefangverhaltens. Bei ihnen ist dieser Bereich züchterisch gefördert worden.

Hunde sind, so betrachtet, Raubtiere par excellence. Sie sind motiviert zum Beutefangverhalten, suchen zunächst ungerichtet, verfolgen dann olfaktorische Spuren oder optische Signale. Ihre Erregung steigert sich dabei und sie verlieren sich in »rauschähnlichen Erregungszuständen«.

Allerdings gibt es bei ungünstigen Lernbedingungen Mosaikmuster von Komponenten des aggressiven und des Beutefangverhaltens (Coppinger, 2001; Goodwin et al.,1997): Haushunde zeigen eine ausgeprägte Verhaltensflexibilität, während Wölfe relativ starre Muster für beide Funktionskreise zeigen. Als ontogenetische Ritualisierung (Tomasello & Call, 1997) lernbedingter Unklarheiten bezüglich Beutefang- und Aggressionsverhalten können Sequenzen beider Verhaltensbereiche assoziiert auftreten. Diese Verhaltenskopplungen sind außerordentlich gefährlich, da inadäquates Beutefangverhalten Menschen gegenüber gezeigt werden kann.

Bindung:

Eine stabile, positive Bindung zu seinem Menschen bedeutet soziale und emotionale Sicherheit für den Hund. Über Oxytocin, das Bindungshormon, wird Bindungsverhalten reguliert. Hunde mit stabiler Bindung orientieren sich in ängstigenden Situationen am Halter. Wichtig ist, dass Bindung soziale Sicherheit vermittelt, die dann dem Welpen bzw. Junghund ermöglicht, früh seine Umwelt zu erkunden und auf andere Sozialpartner zuzugehen. Hunde, die eine stabile Bindung zu ihren Menschen haben, zeigen vergleichsweise viel Neugier- und Erkundungsverhalten sowie allgemein viel Sozialverhalten. Eine ambivalente Bindung zwischen Hund und Halter wurde bei Menschen registriert, bei denen Naturentfremdung und der Verlust der »selbstverständlichen Ganzheit« (Bergler 1986) festzustellen war. Ihnen fehlte der normale Zugang zum Tier, mit dem das soziale Leben in der gemischten Gemeinschaft sowohl für den menschlichen wie auch für den tierischen Part als beglückend bzw. freudevoll erlebt wird.

Beziehungen und Bindungen müssen sich somit entwickeln, sind systemisch und haben mit der sozialen Gruppe, in der ein Hund lebt und lernt, zu tun. Falsch ist, davon auszugehen, dass Kinder mit Hunden »alles tun dürfen«, weil sie wie Welpen bei Hunden eine ausgesprochene Narrenfreiheit haben. Indes ist es völlig normal, dass nicht an Kinder sozialisierte Hunde knurren, drohen oder auch schnappen. Es gibt kein angeborenes »Programm der Narrenfreiheit«, Hunde müssen lernen, wie sie mit Kindern umzugehen haben, ebenso wie Kinder Respekt und Achtung vor Hunden erfahren und Regeln im Umgang mit ihnen zu achten haben. Erwachsene sollten, wenn Kinder und Hunde interagieren, aus Sicherheitsgründen stets anwesend sein.

Es gibt auch keinen »angeborenen Welpenschutz«, kein genetisch determiniertes Verhalten, das bei adulten Hunden die »Narrenfreiheit« Welpen gegenüber gewährleistet, vielmehr greifen auch hier Lernverhalten und genetische Disposition sowie hormoneller Status ineinander und den Welpen schützt sein unterwürfiges Verhalten (aktive und passive Demut).

Es gibt keinen angeborenen Welpenschutz.

Spielverhalten

Einige Charakteristika:

1. Spielen findet im »entspannten Feld« statt, wird bei Hunger oder Gefahr nicht begonnen bzw. abgebrochen.

2. Spielen ist ansteckend, führt zur Spielgestimmtheit, damit zur Verhaltensangleichung von Hunden und auch, über Artgrenzen hinaus, von Menschen. Hirneigene Amine sind für das »Hochgefühl« Spielender verantwortlich. Zudem werden über das Spiel (Oxytocinausschüttung) Bindungen gefördert und etabliert. »Play is fun«, so der physiologische Aspekt als »Motor« des Spiels.

3. Im Spiel werden Handlungen aus den verschiedensten Funktionskreisen frei kombiniert: bekannte Verhaltensweisen mit charakteristischen Besonderheiten bilden so (beliebig) kombinierbare Sequenzen aus den unterschiedlichsten Funktionskreisen, deren Endhandlungen jeweils fehlen. Hinzu kommen Spielbewegungen und Spielzeichen.

4. Spielverhalten wird begleitet von spielspezifischen Ausdruckselementen, sogenannten »Spielsignalen« oder »Spielzeichen«, und dem »Spielgesicht«.
   Beispiel: die Vorderkörper-Tief-Stellung (der sog. »bow«) wird unter Bewegungsüberschwang (der Hund springt z. B. um den Menschen herum) mit entspannter Mimik, Spielgesicht und lockerem Schwanzwedeln durchgeführt.

5. Die typischen Endhandlungen fehlen im Spiel (Hunde mit eingeklemmter Rute, die gejagt werden, spielen nicht mehr!).

6. »Neue« (»erfundene«, kreierte) Bewegungen wie Ausdrücke treten auf. Im Verlauf des Spiels kann also Neues erfunden werden.

7. Spiel zielt gewöhnlich auf eine Distanzverminderung ab.

8. Spielverhalten ist geprägt von Übertreibungen und Wiederholungen sowie einem ausufernden Bewegungsluxus. Im Vergleich zu entsprechenden »Ernsthandlungen« machen sie einen »übertriebenen« Eindruck, sie werden unter großem Kraftaufwand, in größerer Geschwindigkeit und/oder unter häufigeren Wiederholungen ausgeführt.

9. Spielverhalten ist eigenmotiviert und scheint Spaß zu bereiten (lustbetontes Ausprobieren motivierten Verhaltens).

10. Es findet vorzugsweise in einem frühen Lebensalter statt. Vor allem Jungtiere spielen ausgeprägt, wobei sensible Phasen für das Lernen mit häufigem Spiel korrelieren (»Spielalter«).

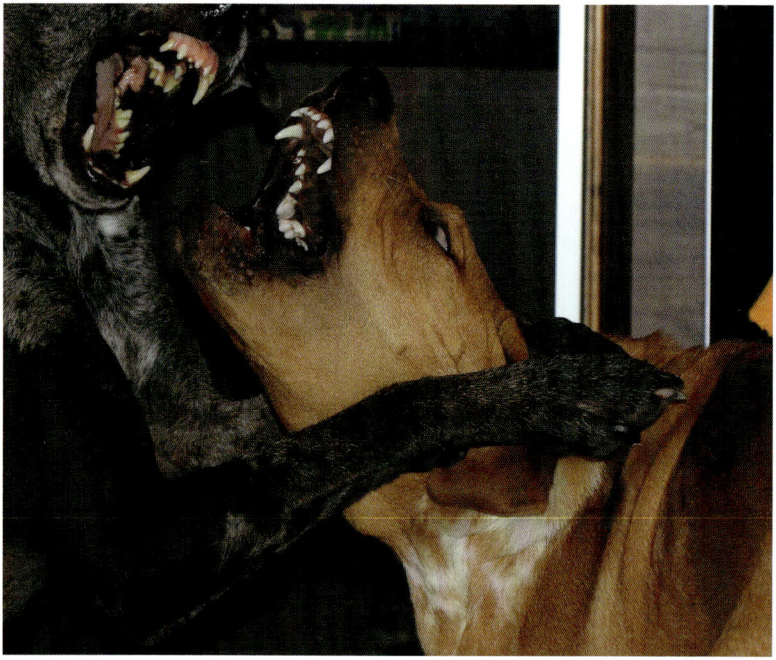

Spielgesichter: Das weite Maulaufreißen als Ausdrucksübertreibung ist sehr deutlich, ebenso wie die ansonsten entspannten Gesichter. (Fotos: Perdita Lübbe-Scheuermann)

11. Sprunghafter Wechsel der Rollen (Gejagter und Verfolger; im Spiel jagt jeder Hund einmal einen anderen und wird selbst auch gejagt) und andere gekennzeichnende Dynamiken.

12. Das Fehlen des dafür typischen Ernstbezuges (Wechsel des Realitätsbezuges) ist spieltypisch.

13. Spiel ist zweckfrei (im Moment des Spielens).

14. Im Spiel werden körperliche und kognitive Entwicklung gefördert. Spielverhalten ist Entwicklungsförderung: dieses gilt für Kommunikation, soziales Lernen, Anpassung an die Umwelt und Einpassung in Gruppen, Kognition, Kontrolle der eigenen Aggression, Frustrationstoleranz wie physische Entwicklung (Knochen- und Muskelwachstum) sowie z.B. Bewegungskoordination. Es ist eine »Vorbereitung auf das Unerwartete« (Marc Bekoff). Besser kann man das »Wozu« des Spiels nicht erklären.

Spielverhalten bei Hunden

Insbesondere während der Jugendentwicklung hat das Spiel, allem voran das Sozialspiel, eine herausragende Bedeutung für die Ausdifferenzierung des Verhaltens. Je komplexer die Organismen und ihre entsprechenden Fähigkeiten sind, desto länger ist die Zeitspanne der Jugendentwicklung und desto deutlicher gibt es in ihrer Individualentwicklung eine Phase, in der Erkunden, Neugierverhalten, Spielen und Nachahmen den wesentlichen Lebensinhalt darstellen. Diese Phase bezeichnet Bernhard Hassenstein als Spielalter.

Bei Hunden ist diese Spielphase nicht so scharf abzugrenzen, auch erwachsene Tiere spielen relativ häufig. Natürlich gibt es auch hier interindividuelle Unterschiede.

»Spielen umschließt angeborenes und erlerntes Verhalten. Es umfasst so viele Handlungsvariationen wie sonst keine Verhaltensweise, und es kann Elemente aus allen übrigen Verhaltensbereichen enthalten.« (Hassenstein 2007). Die Neugier eines individuellen Hundes beeinflusst die Ausprägung seiner »Umwelt- und Objektorientierung«. Neugier ist sicherlich der motivationale »Motor« für das Erkundungsverhalten. Auch die Art des »bevorzugten Spiels« vermag Hinweise für die Beantwortung dieser Frage zu geben. Ein Indikator für gute Befindlichkeit ist Spielverhalten immer.

Spielverhalten ist immer ein Indikator für Wohlbefinden.

Literaturverzeichnis

Bethke, Th. (2011): A Study on the Intuitive Interpretation of Canine Facial Expressions by Children. Diplomarbeit Psychologisches Institut und Zoologie der Universität Kiel.

Callaway, E. (2013): Dog genetics spur scientific spat. Nature 498, 282 – 283.

Coppinger, R. P. and Coppinger, L. (2001): Dogs: a new understanding of canine origin, behavior and evolution. University of Chicago Press, Chicago.

Darwin, C. (1872): The expression of emotions in animals and man. Lond. Methuen 1877 Biogr. Sketch, Inform. Mind 2, 285 – 294.

Donaldson, O.F. (2004): Von Herzen spielen. Die Grundlagen des ursprünglichen Spiels. Arbor Verlag Freiburg.

Feddersen, D. U. (1978): Ausdrucksverhalten und soziale Organisation bei Goldschakalen (Canis aureus L.), Zwergpudeln (Canis lupus f. familiaris) und deren Gefangenschaftsbastarden. Diss., Tierärztliche Hochschule Hannover.

Feddersen-Petersen, D. U. (1991): The ontogeny of social play and agonistic behaviour in selected canid species. Bonn. Zool. Beitr. 42, 97–114

Feddersen-Petersen, D. U. (2004): Hundepsychologie. Sozialverhalten und Wesen, Emotionen und Individualität. Franckh-Kosmos, Stuttgart.

Feddersen - Petersen, D.U. (2005): Communication in Wolves and Dogs. In: Encyclopedia of Animal Behavior. Ed.: M. Bekoff. Vol. I. Pp. 385 - 394. Greenwood Publishing Group, Inc., Westport.

Fatjó, J.F., Feddersen-Petersen, D. U., Ruiz de la Torre, J. L., Amat, M., Mets, M., Baus, B., Mantacea, X. (2007): Ambivalent signals during agonistic interactions in a captive wolf pack. Applied Animal Behaviour Science, Vol. 105, Issue 4, pp. 274 - 283.

Feddersen-Petersen, D. U. (2007): Social Behaviour of Dogs and Related Canids. In: The Behavioural Biology of Dogs. CAB International (ed. P. Jensen), pp. 105 - 119. Review on the book and on my contribution: Science Vol. 317, 6 July 2007, p 45.

Feddersen-Petersen, D. U. (2008): Ausdrucksverhalten beim Hund. Mimik und Körpersprache, Kommunikation und Verständigung. Franckh-Kosmos, Stuttgart.

Feddersen-Petersen, D.U. (2011): Vocalizations as indication of emotion, motivation, and communicative context in various dog breeds. 12. Int. Fachtagung „Ethologie und Tierschutz", LMU München. Verlag DVG Service GmbH pp. 90 – 102.

Fox, M. W. (1971): Socio – infantile and social – sexual signals in canids: a comparative and ontogenetic study. Z. Tierpsychol. 28, 185 – 210.

Hassenstein, B. (2007): Verhaltensbiologie des Kindes. 6. Auflage., Morgenstein und Vannerdat, Münster.

Herre, W., Röhrs, M. (1990): Haustiere – zoologisch gesehen. Gustav Fischer, Stuttgart, New York.

Hirt, A., Chr. Maisack und J. Moritz, 2007: Tierschutzgesetz Kommentar, Verlag Franz Vahlen, München www.tierschutz-tvt.de/merkblaetter.html

Horisberger, C. (2002): Medizinisch versorgte Hundebissverletzungen in der Schweiz, Opfer – Hunde – Unfallsituationen.

Jensen, P., (2010). The Behavioural Biology of Dogs, CABI, Wallingford, UK

Kaminski, J., Morris, P., Waller, B. (2017): Human attention affects facial expressions in Domestic dogs. Scientific Reports, 7.

Kaminski, J. (2018): The social dog: how have we shaped them, and them us? The Psychologist 31, 48–49.

Kuhne, F., Struwe, R., 2006. Auffällig gewordene Hunde in Berlin im Vergleich zur Hundepopulation – Wege zur Reduzierung der Gefährlichkeit von Hunden. Berl. Münch. Tierärztl. Wochenschr. 119, 445–455.

Landsberg, G., Hunthausen, W., Ackerman, L., 2003. Handbook of behavior problems of the dog and cat. 2nd ed. Saunders

Lorenz, K. (1959): Gestaltwahrnehmung als Quelle wissenschaftlicher Erkenntnis. Z. exp. Angew. Psychol. 4, 118–165.

Miklosi, A., 2010. Dog Behaviour, Evolution, and Cognition, University Press, Oxford, UK

Mikus, R. (2006): Statistische Auswertung von Sachverständigengutachten über Hunde mit Beißvorfällen in Bayern.

Morey, D.E. (2011): Dogs Domestication and the Development of a Social Bond. Cambridge University Press.

Papenroth, R. (2004): Fälle von Hundeangriffen in Deutschland

Novembre, J. et al. (2016): Genome Sequencing Highlights the Dynamic Early History of Dogs. Plos Genetics.

Piturru, P. (2018) Lassie, Rex & Co. klären auf. Kynos Verlag, 7., aktualisierte Auflage, ISBN 978-3-938071-78-6

Olbrich, E. (2003): Zur Ethik der Mensch-Tier-Beziehung aus der Sicht der Verhaltensforschung. In: Olbrich, Otterstedt, C. (Hrsg.): Menschen brauchen Tiere. Grundlagen und Praxis der tiergestützten Pädagogik und Therapie. Kosmos-Verlag, Stuttgart, 32–57.

Randi, E., Lucchini, V., Christensen, M. F., Mucci, N., Funk, S.M., Dolf, G., Leschke, V. (2000): Mitochondrial DNA variability in Italian and East European Wolves: Detecting the consequences of small population size and hybridization. Conservation Biology 14, 464–473.

Ratcliffe, Victoria F. et al. (2014): Orienting Asymmetries in Dogs´ Responses to different communicatory components of human speech. Current Biology, 24, 2908–2912.

Rehage, F. (2016) Lassie, Rex & Co. Kynos Verlag, 13., aktualisierte Auflage, ISBN 978-3-933228-11-6

Röcken, F. (2017) Gasteditorial. Deutsches Tieärzteblatt 65 (5): 589.

Röcken, F. (2018) Proceeding 5. Tierärztetag der TÄK Schläswig-Holstein TFA s.11–23

Scott, J. P., Fredericson, E. (1951): The cause of fighting in mice and rats. Physiological Zoology 24, 273–309.

Savolainen, P. (2006): mtDNA studies on the origin of dogs. In: Ostrander, E. A., Giger, U., Lindbladh, K., eds. The dog and its genome, pp. 119 – 140. Cold Spring Harbor Laboratory Press, New York.

Schenkel, R. (1967): Submission: Its Features and Functions in the Wolf and Dog. Am. Zool. 7, 319–329.

Tsuda, K., Kikkawa, Y., Yonekawa, H., Tanabe, Y. (1997): Extensive inbreeding occured among multiple matriarchal ancestors during the domestication of dogs: evidence from inter- and intraspecific polymorphisms in the D-loop region of the mitochondrial DNA between dogs and wolves. Genes Genet. Syst. 72, 229–238.

Thalmann, O. et al. (2013): Complete mitochondrial genomes of ancient canids suggest an European origin of domestic dogs. Science 342, 871–874.

Van Hooff, J. A. R. A. M., Wensing, J. (1987): Dominance and its behavioral measure in a captive wolf pack. In: Frank, H. (ed.): Man and wolf: Advances, issues and problems in captive wolf research. Junk, Dordrecht, 219–252.

Vilà, C., Savolainen, P., Maldonado, J.E., Amorim, I. R., Rice, J. E., Honeycutt, R. L., Crandall, K. A., Lundeberg, J., Wayne, R. K. (1997): Multiple and ancient origins of the domestic dog. Science 276, 1687–1689.

Waller, B.M. et al. (2013): Paedomorphic facial expressions give dogs a selective Advantage. Plos one 8 (12) e 82686.

Watzlawick, P., Beavin, J., Jackson, D. (1996): Menschliche Kommunikation. Formen, Störungen, Paradoxien. Hans Huber, Bern/Göttingen/Toronto/Seattle.

Index

C

D

E

F

G

H

I

J

K

L

M

T

Dr. Pasquale Piturru & Eiko Weigand

Lassie, Rex ! Co. klären auf

Wege zur erfolgreichen Hundeerziehung und Verhaltenstherapie

Der aktuelle Wissensstand der Hunde-Verhaltensforschung wird hier auf höchst unterhaltsame Weise und mit einmaligen Zeichnungen dargeboten – spannend, lehrreich und witzig! Die ideale Ergänzung zum Erfolgswerk »Lassie, Rex & Co. – Der Schlüssel zur erfolgreichen Hundeerziehung«. Mit einem Vorwort von Dr. D. U. Feddersen-Petersen.
147 Seiten, durchgehend farbig illustriert
ISBN 978-3-95464-253-3

Raymond Coppinger & Marc Feinstein

Die Ethologie der Hunde

Wissenschaftliche Grundlagen zum Verhalten

Coppinger und Feinstein betrachten Hunde in diesem Werk mit dem unbestechlichen Blick der Wissenschaft als biologische Spezies anstatt als kuscheliges Haustier.
Sie fassen Jahrzehnte der Forschung und Feldexperimente auf allgemeinverständliche Art und Weise zusammen, um die evolutionären Grundlagen zu erklären, die dem Verhalten unserer Hunde zugrunde liegen.
Hardcover, 280 Seiten, durchgehend farbig illustriert
ISBN 978-3-95454-163-5

Krauß, Katja & Maue, Gabi

Emotionen bei Hunden sehen lernen

Eine Blickschule

Dieser einzigartige, in vielen Jahren des Beobachtens entstandene Bildband konzentriert sich weniger auf die wissenschaftlich detaillierte Beschreibung von Ausdrucksverhalten als vielmehr auf eine echte Blickschulung für Hundehalter und -trainer: Wie kann denn ein unsicherer, ängstlicher, neugieriger oder aggressiver Hund aussehen? Wie unterscheidet sich die Mimik bei schlapp-oder stehohrigen, lang- oder kurzhaarigen Hunden und wie lerne ich, die gezeigten Äußerungen im Kontext der Situation richtig zu deuten?

Nachdem zunächst die einzelnen „kommunizierenden“ Körperteile des Hundes und deren Signale unter die Lupe genommen werden, schließt sich ein ausführlicher Teil zu den einzelnen Grundemotionen an, beleuchtet das Thema also von der anderen Seite aus.

Hardcover, 624 Seiten, durchgehend farbig über 1300 Abbildungen

ISBN 978-3-95464-302-8

Krauß, Katja & Maue, Gabi

Workbook: Emotionen bei Hunden sehen lernen

In diesem Arbeitsbuch zum Buch stellen Ihnen die Autorinnen konkrete Fragen und Aufgaben zu Fotoserien, sodass Sie immer besser darin werden, auf Einzelheiten zu achten, Gesamtsituationen zu erfassen und das wahrscheinlich nachfolgende Verhalten vorauszusehen.

Mit Platz für Notizen und Lösungsteil.

Broschur, 56 Seiten, druchgehend farbig

ISBN 978-3-95464-239-7